사계절

맛있는 솥밥

보
양
식

고단백 솥밥과 보글보글 찌개

최윤정 지음

일러두기

- 책에 소개한 레시피는 2~3인분 기준입니다.
- 솥밥 보관 가능 기간은 냉장 2일, 냉동 2주일이고 찌개 보관은 냉장 2일 정도입니다.
- 본문에 소개한 솥밥 레시피에 들어가는 육수는 책 앞부분에 설명한 솥밥 육수 끓이는 법을 참고해주세요.
  소개되어 있는 세 가지 육수 중 취향껏 골라 사용하시면 됩니다.
- 솥밥 레시피 영상은 유튜브 '류니키친'에서 확인할 수 있습니다.

사계절
맛있는 솥밥 보양식

초판 1쇄 발행 · 2022년 3월 10일
초판 13쇄 발행 · 2025년 1월 7일
지은이 · 최윤정

발행인 · 우현진
발행처 · (주)용감한 까치
출판사 등록일 · 2017년 4월 25일
팩스 · 02)6008-8266
홈페이지 · www.bravekkachi.co.kr
이메일 · aoqnf@naver.com

기획 및 책임편집 · 우혜진
마케팅 · 리자
사진 · 장봉영 **푸드** · 정재은 **촬영 진행** · 김소영 **촬영 도움** · 최은지
디자인 · 죠스 **교정교열** · 이정현
협찬 제공 · Vermicular / TWL Shop / 키친툴 / 쉐프윈 / 담은수 / 이천미감 / 부엉이 곳간 / 가시안 / 스토리앤테이블 / 놋담
CTP 출력 및 인쇄 · **제본** · 이든미디어

ISBN 979-11-91994-05-6(13590)

감성의 키움, 감정의 돌봄 용감한 까치 출판사
용감한 까치는 콘텐츠의 樂을 지향하며 일상 속 판타지를 응원합니다. 사람의 감성을 키우고 마음을 돌봐주는 다양한 즐거움과 재미를 위한 콘텐츠를 연구합니다. 우리의 오늘이 답답하지 않기를 기대하며 뻥 뚫리는 즐거움이 가득한 공감 콘텐츠를 만들어갑니다. 아날로그와 디지털의 기발한 콘텐츠 커넥션을 추구하며 활자에 기대어 위안을 얻을 수 있기를 바랍니다. 나를 가장 잘 아는 콘텐츠, 까치의 반가운 소식을 만나보세요!

세상에서 가장 용감한 고양이 '까치'

동물 병원 블랙리스트 까치. 예쁘다고 만지는 사람들 손을 마구 물고 할퀴며 사나운 행동을 일삼아 못된 고양이로 소문이 났지만, 사실 까치는 누구보다도 사람들을 사랑하는 고양이예요. 사람들과 친해지고 싶은 마음에 주위를 뱅뱅 맴돌지만, 정작 손이 다가오는 순간에는 너무 무서워 할퀴고 보는 까치.

그러던 어느 날, 사람들에게 미움만 받고 혼자 울고 있는 까치에게 한 아저씨가 다가와 손을 내밀었어요. "만져도 되겠니?"라는 말과 함께 천천히 기다려준 그 아저씨는 "인생은 가까이에서 보면 비극이지만, 멀리서 보면 코미디란다"라는 말만 남기고 휭하니 가버리는 게 아니겠어요?

울고 있던 겁 많은 고양이 까치는 아저씨 말에 마지막으로 한 번 더 용기를 내보기로 했어요. 용기를 내 '용감'하게 사람들에게 다가가 마음을 표현하기로 결심했죠. 그래도 아직은 무서우니까, 용기를 잃지 않기 위해 아저씨가 입던 옷과 똑같은 옷을 입고 길을 나섭니다. '인생은 코미디'라는 말처럼, 사람들에게 코미디 같은 뻥 뚫리는 즐거움을 줄 수 있는 뚫어뻥 마법 지팡이와 함께 말이죠.

과연 겁 많은 고양이 까치는 세상에서 가장 용감한 고양이가 될 수 있을까요? 세상에서 가장 용감한 고양이 까치의 여행을 함께 응원해주세요!

매일 갓 지은
고슬고슬한
밥
이야기

솥밥을 짓기 시작한 건 2016년 겨울부터예요. 도쿄에서 신혼 생활을 시작하며 "매일 갓 지은 고슬고슬한 밥을 먹고싶다"는 남편의 말 한마디에 솥밥이 저의 일상에 녹아들었답니다.

도쿄와 한국을 오가며 지내는 동안 맛에 대한 경험과 스펙트럼이 더 넓어지면서, 그 맛을 집밥으로 쉽게 구현할 수는 없을까 고민하다 솥밥 레시피를 하나씩 만들게 되었어요. 잠이 오지 않는 밤, 혼자 머릿속으로 그렸던 가지솥밥 레시피를 다음 날 직접 만들어봤을 때 깜짝 놀랄 만큼 맛있었던 기억을 아직도 잊을 수 없어요. 혼자만 알기엔 아깝다는 생각으로 SNS와 유튜브에 레시피를 공유했고, 많은 분들이 제가 전한 레시피로 솥밥의 매력에 빠졌다는 이야기를 해주셨습니다. 그때는 정말 더할 나위 없이 뿌듯했답니다.

매일 솥밥을 짓다 보면
고슬고슬 맑게 익은 흰쌀 특유의
감칠맛과 단맛에 익숙해져
다시는 전기밥솥으로 돌아가지 못할 거예요.

반려견 '멘마'

계절에 따라 제철 식재료를 담아내기에

계절 별미라 불러도 좋을 만큼

신선한 솥밥 한 그릇.

솥밥은 홈파티 요리나 술안주로도 꽤 만족스러운 메뉴랍니다. 새우, 바지락 등 해산물을 올린 솥밥은 시원하게 칠링한 샴페인 또는 화이트 와인과, 기름기 자르르 흐르는 차돌박이솥밥은 선이 얇은 이탈리아산 레드 와인이나 사케 혹은 청주와 정말 잘 어울려요.

저녁마다 밥물 끓는 소리와 함께 구수한 밥 냄새가 솔솔 풍겨오는 일상을 즐겨보세요. 정성 들여 갓 지은 솥밥으로 식탁을 차리며 든든하고 건강한 한 끼를 챙겨보시길 바랍니다. 의외로 쉬운 요리법으로 생각보다 근사한 한 그릇을 마주할 때마다 조금 더 행복해지겠죠? 손맛 좋은 어머니 덕분에 어릴 적부터 유난히 맛있는 집밥을 먹고 자란 것, 또 입맛이 까다로운 남편을 위해 따뜻한 솥밥과 보글보글 김치찌개를 만들어온 것이 모두 계기가 되어 이렇게 책까지 출간하게 되었네요.

하늘에 계신 어머께, 든든한 버팀목인 아버지께, 사랑하는 남편과 우리 가족, 그리고 나의 은인 혜숙 언니와 한결같이 응원해주는 친구들에게 감사 인사를 전하고 싶습니다.

차돌박이솥밥과 샴페인

매일 차리는 일상의 솥밥

거실 베란다를
싱그러운 정원으로 만들고
조그만 텃밭을
일구고 있어요.

상추, 대파, 치커리 같은 일상적인 채소부터 바질, 딜, 파슬리 등 요리에 풍미를 더하는 향긋한 허브까지 말이에요. 베란다 텃밭에서 가장 중요한 것은 햇볕이에요. 볕이 잘 들어오는 곳엔 방울토마토와 치커리를 심고, 통풍만 잘 시켜도 잘 자라는 양파와 새싹 채소는 그늘진 곳에서 기르는 것을 추천할게요. 아침저녁으로 베란다 창문을 활짝 열어주는 것도 잊지 마세요.

왼쪽부터 고수, 바질, 오레가노, 타임, 파슬리

시금치와 쪽파

대파 수경 재배 3일 차

대파 수경 재배 일주일 차

텃밭을
가꿀 때

무럭대고 채소 전체에 물을 흠뻑 주었다가는 오히려 역효과가 나요. 채소 잎을 피해 흙에만 스미도록 물을 줘야 잎에 생기는 병을 피할 수 있답니다. 흙은 꼭 채소 재배용으로 판매하는 '상토'를 구입해야 합니다. 상토는 기본적으로 pH가 조절된 흙으로, 살균 과정까지 거쳤기 때문에 실내에서도 채소가 건강하게 자라도록 해줍니다. 밖에 있는 아무 흙이나 가져와 사용할 경우, 온갖 병충해의 주범이 될 수 있으니 조심하세요.

로즈메리와 딜

청명한 가을볕에 애호박, 가지, 각종 나물을 말려요. 선선한 바람과 따가운 햇볕 덕에 말리기 어려운 채소도 이틀 정도면 가볍게 마른답니다. 특히 가지는 말릴수록 더 쫄깃해지기 때문에 나물볶음이나 솥밥을 만들 때는 말린 가지를 넣습니다. 그러면 훨씬 더 맛있게 즐길 수 있어요. 무는 껍질째 말려야 오독오독 씹는 맛이 좋아지고, 보관 기간이 길어져요. 묶음으로 구입해 처치하기 곤란한 팽이버섯도 함께 말려주세요. 말린 팽이버섯으로는 구수하게 차를 끓여 마시면 좋아요.

가지를 4등분 혹은 6등분해서 옷걸이에 걸어
놓고 이쑤시개로 고정하면 골고루 잘 마른다.

무와 팽이버섯을 햇볕에 말려
식재료 본연의 맛을 농축시킨다.

〔CONTENTS〕

계량 도구 및 계량법

저는 500㎖ 계량컵과 계량스푼을 사용하고 있어요. 쌀 양은 1인분당 100㎖라고 생각하면 편할 거예요. 솥밥은 기본적으로 쌀과 물을 동량으로 넣어야 고슬고슬한 밥을 지을 수 있습니다. 이때 기준은 불리기 전 건쌀 기준. 솥밥을 계량할 때는 번거롭게 무게를 재는 것보다는 눈에 바로 보이는 계량컵을 사용하는 게 훨씬 효율적이에요. 물이 나오는 채소나 버섯, 생선 등을 얹는 솥밥일 경우에는 건쌀과 동량으로 물을 맞춘 후 계량스푼으로 1~2큰술 정도 빼면 딱 좋아요. 다양한 재료가 들어가는 솥밥엔 쌀 양을 최소 200㎖이상으로 맞춰야 쌀과 재료의 균형이 맞아요.

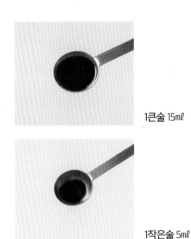

1큰술 15㎖

1작은술 5㎖

500㎖ 계량컵

재료 썰기

같은 재료를 다르게 써는 것만으로도 활용도가 달라지고 식탁이 한층 풍성해집니다. 빠른 칼질보다 더 중요한 것은 요리에 맞게 재료를 써는 일이에요. 기본 썰기 방법을 알아두고 하나씩 차근차근 연습하다 보면 재료 손질이 간편해지고 집밥의 매력에 푹 빠질 거예요.

1. 총총 썰기 파나 고추 등을 가로로 놓고 세로로 평행으로 내려 써는 방법. 음식 위에 올리는 고명을 썰 때 많이 사용합니다.

2. 결대로 찢기 식감이 좋은 느타리버섯, 팽이버섯은 칼로 자르는 대신 손을 사용해 결대로 찢어줍니다.

3. 십자 썰기 오이나 당근 같은 둥근 형태의 재료를 4등분한 후 세로로 얇게 썰어요.

4. 한 입 크기 썰기 채소나 고기를 먹기 좋게 한 입 크기로 써는 방법. 카레 혹은 찌개용 채소를 썰 때 사용해요.

5. 어슷썰기 우엉, 대파 같은 긴 재료를 한쪽으로 비스듬하게 써는 방법. 어슷 썰면 단면이 넓어져 양념이 더 잘 뱁니다.

6. 깍둑썰기 채소를 직육면체로 써는 방법. 다진 것보다 크기가 크고 두꺼워서 끓여도 모양이 유지됩니다.

7. 채 썰기 가로로 얇게 썰고 다시 세로로 얇고 길게 써는 방법. 비빔밥이나 잡채, 볶음 요리에 많이 쓰여요.

8. 편 썰기 재료 모양 그대로 얄팍하게 써는 방법. 마늘과 표고버섯을 썰 때 많이 사용합니다. 조금 두껍게 편 썰면 식감이 더 좋아진답니다.

9. 반달 썰기 당근, 애호박을 세로로 반토막 낸 후 가로로 한 번 더 써는 방법. 볶음, 찌개, 탕 재료로 활용해요.

솥밥에 사용하는 솥 소개

바닥이 두껍고 뚜껑이 무거운 무쇠솥 혹은 도기솥을 사용하면 훨씬 찰지고 윤기 나는 밥을 지을 수 있어요. 일단 가지고 있는 냄비 중 바닥이 두꺼운 것이나 무쇠 냄비로 솥밥을 만들어본 후 마음에 들지 않을 때 새 솥을 사는 것을 추천할게요. 솥의 크기와 재질에 따라 끓이는 시간과 불 조절이 달라지기 때문에 흰쌀만 넣은 기본 솥밥부터 만들어봐야 합니다. 그래야 그 솥에 맞는 불 조절과 시간을 가늠할 수 있어요.

1. 무쇠 냄비(버미큘라 18cm) : 시즈닝이 필요 없어 세척과 관리가 간단합니다. 고기나 생선 등 재료를 얹는 솥밥을 만들려면 크기가 적당한 냄비가 필요해요. 18cm 혹은 22cm를 추천해요.

2. 이중 뚜껑 도기솥(아즈마야 이가 도기솥, 가마도상) : 2개의 뚜껑이 온도와 습도를 자동으로 조절해 따로 불을 조절할 필요가 없어요. 뚜껑이 이중이라 밥물이 넘치지 않아요. 속뚜껑과 겉뚜껑 구멍이 90도가 되게 닫아야 합니다. 뚜껑을 닫고 중강불에서 10분 정도 끓이면 연기가 나요. 1분 더 끓이다가 불을 끄고 20분간 뜸 들이면 완성됩니다. 반면 처음 사용 시 눈막음을 하고, 사용 후에는 세제 없이 닦아 바짝 말려두어야 하는 등 전후 관리법이 좀 번거로워요.

3. 법랑 냄비(덴스크) : 법랑 냄비는 열전도율이 높아 빨리 조리되고 잔열이 오래가지만, 뚜껑이 가볍기 때문에 밥을 할 때 뚜껑에 무게 있는 것을 올려놓는 게 좋아요.

4. 가마솥 모양 무쇠솥(무쩨 19cm) : 가마솥 모양 때문인지 같은 쌀로 지어도 다른 냄비보다 조금 더 찰진 솥밥이 완성돼요. 무쇠솥 뚜껑의 테두리 부분을 도톰하게 만들어 압력을 최대한 잡아 식재료 본연의 맛과 영양을 유지해줘요.

5. 돌솥 : 곱돌로 만든 조그마한 솥입니다. 물이 한번 끓어오르면 오래가기 때문에 불과 시간을 잘 조절해야 밥이 타지 않아요.

6. 유기솥(놋담 유기솥) : 무쇠솥보다 밥이 더 찰기 있게 쫀득쫀득해집니다. 뚜껑을 열고 중간 불에서 5분간 끓이다가 밥물이 끓어오르면 3~4번 젓고 뚜껑을 닫아요. 그리고 제일 약한 불에서 15분간 끓인 후, 불을 끄고 10분간 뜸을 들입니다. 솥 종류에 따라 불 조절과 시간이 달라지니 유의하세요.

7. 스테인리스 스틸 냄비(쉐프원 통 5중 냄비) : 국, 찌개, 찜 등 다양한 요리에 편하게 사용하는 스테인리스 스틸 냄비는 살림하는 주부라면 하나쯤 가지고 있을 거예요. 솥밥을 지을 때도 활용할 수 있답니다. 밥을 해도 잘 눌어붙지 않는 통 3중 혹은 통 5중 냄비를 추천합니다.

이중 뚜껑 도기솥   법랑 냄비   도기솥

스테인리스 스틸 냄비   이중 뚜껑 도기솥   돌솥

유기솥   무쇠 냄비

솥밥에 알맞은 쌀

솥밥에서 무엇보다 중요한 것은 쌀이에요. 어떤 품종의 쌀을 사용하느냐, 도정한 지 얼마나 지났느냐에 따라 밥맛이 확 달라지더라고요. 생산 연도보다 도정일이 더 중요합니다. 도정일은 신선도와 직결되기에 품종이 아무리 좋은 쌀이라도 도정한 지 오래되면 맛이 떨어질 수밖에 없어요. 밥맛이 좋은 기간은 도정일로부터 보름 정도예요. 밀폐 용기에 담아 냉장 보관하는 것이 쌀의 신선도를 유지하는 데 도움이 됩니다.

쌀을 구입할 때는 포장지 뒷면에 쓰인 품종을 확인해보세요. 혼합미가 아닌 단일 품종을 추천합니다. 맛있는 쌀은 식어도 특유의 식감이 유지되어 밥맛이 좋기 때문에 식은 솥밥도 맛있어요.

솥밥에 잘 어울리는 쌀 추천

· 고시히카리 : 일본 쌀 품종으로, 쌀알이 맑고 투명해 밥에 찰기와 윤기가 나요. 무쇠 냄비나 가마솥에 밥을 지으면 훨씬 맛깔스러워지기 때문에, 밥 자체의 맛을 즐기려는 사람에게 추천합니다.

· 히토메보레 : '첫눈에 반하다'라는 뜻의 일본어로, 일본 쌀 품종. 고시히카리보다 조금 더 쫀득하고 향도 더 진해요. 밥을 지었을 때 찰기가 있고 부드러운 것이 특징이에요.

· 골드퀸 3호 : 대표적인 향미로 누룽지 같은 포근한 향과 고소한 팝콘 향을 품은 쌀이에요. 부드러운 식감과 은근한 찰기, 코끝에 맴도는 진한 밥 냄새가 일품이에요. 유기농 골드퀸 3호도 있습니다.

· 경기 이천 추청 : '맑게 갠 가을 날씨'라는 뜻을 지닌 쌀로 이천 지역을 대표하는 품종이에요. 찰기가 강하고 알이 굵어 요리 초보라도 맛있는 밥을 만들 수 있어요.

· 진상미 : 수라상을 받은 임금님이 "빛깔과 밥맛이 모두 훌륭하다"고 칭찬했다는 전통 쌀입니다. 밥알에 기름기가 자르르 흐르고 입에서 부드럽게 뭉그러지는 식감이 특징이에요.

· 영호진미 : 밥을 했을 때 윤기가 많고 촉촉한 느낌이 드는 쌀로 적당한 찰기와 입안에 남는 은은한 단맛이 좋습니다. 씹을수록 고소한 맛이 나요. 부드러운 질감이 꽤 오래가기 때문에 한꺼번에 밥을 많이 해두는 집이라면 영호진미를 추천해요.

· 삼광미 : 벼 자체에서도, 도정해도, 밥을 지어도 빛이 난다고 해서 삼광미라 이름 지었다고 해요. 단백질 함량이 낮아 달달한 맛이 나며 호불호 없이 가장 무난한 품종이에요.

좋은 쌀 고르는 법

1. 생산 날짜 확인하기 : 쌀은 신선식품이라 바로 수확한 것이 맛있습니다. 9월 초부터 이른 햅쌀을 만날 수 있어요.

2. 품종 확인하기 : 쌀의 브랜드보다 품종이 더 중요해요. 혼합미보다는 단일미를 고르세요.

3. 도정 일자 확인하기 : 도정 후 즉시 밥을 했을 때 가장 맛있어요. 가급적 도정 일자가 가장 최근인 것을 선택합니다.

4. 진공, 소포장 선택하기 : 쌀은 빨리 산패되니 2~3㎏ 소포장 제품을 그때그때 구입하세요.

솥밥 육수 끓이는 법

솥밥의 감칠맛은 육수에서 비롯돼요. 다시마와 버섯, 대파와 가쓰오부시 등 재료 본연의 감칠맛이 쌀알 하나하나에 스며드니 맛있을 수밖에 없겠죠? 시간이 날 때마다 일주일에 두세 번 정도 육수를 끓여 유리병에 담아 냉장고에 넣어놓곤 해요. 미리 준비해놓지 않으면 요리 시간이 길어지거든요. 보통 3~4일 정도까지 냉장 보관할 수 있어요. 육수를 따로 내기 힘들 때는 밥을 지을 때 국물용 다시마를 불에 살짝 그슬려 쌀 위에 올려보세요. 다시마의 깊은 감칠맛이 쌀알에 녹아들어 육수를 사용하지 않아도 맛있는 솥밥을 만들 수 있답니다.

솥밥 육수 끓이는 법

다시마, 표고버섯, 가쓰오부시. 이 세 가지만 있으면 감칠맛이 깊은 만능 육수를 만들 수 있어요. 여러 가지 제철 재료를 올린 솥밥에 고급스러운 감칠맛을 더해줍니다. 솥밥뿐만 아니라 샤부샤부, 달걀찜, 스키야키 등 각종 요리의 육수로도 사용할 수 있어 활용도가 높아요.

(재료) 물 2L, 건표고버섯 6개, 손바닥만 한 크기의 국물용 건다시마 1개, 가쓰오부시 2주먹

1. 다시마는 불에 살짝 구워요. 이렇게 하면 감칠맛이 더 좋아져요.
2. 유리 볼에 구운 다시마와 건표고버섯을 넣고 재료가 푹 잠기도록 미지근한 물을 부어요.
3. 다시마와 표고버섯은 최소 3~4시간 냉침합니다. 오래 불릴수록 더 맛있어져요. 요리하기 전날 밤이나 아침에 해놓으세요.
4. 말랑말랑해진 표고버섯은 최대한 얇게 썰어요. 냄비 윗면을 다 덮을 정도의 양이 필요해요.
5. 냄비에 불린 다시마, 채 썬 표고버섯, 불린 물을 넣고 제일 약한 불에서 은근하게 끓여요. 약한 불에서 오래 끓여야 다시마와 표고가 진하게 우러납니다. 끓을 때 올라오는 하얀 거품은 제거해주세요.
6. 제일 약한 불에서 30~40분 가열하면 조금씩 끓기 시작하는데, 이때 다시마와 표고를 건져요.
7. 마지막으로 가쓰오부시 2주먹을 넣고 강한 불에서 1분간 팔팔 끓인 후 불을 끄고, 육수를 면보나 채반으로 걸러주면 완성.
※ 가쓰오부시는 오래 끓이면 쓴맛이 나니 주의하세요.

채수 끓이는 법

깔끔한 맛이 나는 채수를 끓이기 전에 양파와 대파의 겉면을 노릇하게 구워 준비하면 국물 맛이 한층 깊어질 거예요. 어떤 솥밥에든 무난하게 잘 어울려 냉장고에 항상 준비되어 있는 채수랍니다. 채수를 끓이고 남은 무는 버리지 말고 소고기뭇국 혹은 어묵탕에 활용해보세요.

(재료) 물 2L, 양파 1개(반으로 잘라 준비), 대파 2대(하얀 부분만), 손바닥만 한 크기의 국물용 건다시마 1개, 무 4㎝ 두께 2덩이, 가쓰오부시 1주먹

1. 물에 모든 재료를 넣고 중간 불로 끓여요.

솥밥 육수

멸치 육수

채수

2. 무가 다 익을 때까지 끓인 후 식혀서 면보나 채반으로 걸러주세요.

3. 불을 끈 후 채수가 식을 때까지 가쓰오부시 1줌을 담가놓으면 감칠맛을 끌어올릴 수 있어요.

멸치 육수 끓이는 법

구수하고 개운한 맛을 내는 데 좋은 멸치 육수는 오래 끓인다고 진해지는 것이 아니에요. 오히려 쓴맛이 나고 텁텁해질 수 있으니 너무 오래 끓이지 않는 것이 좋아요. 국물용 멸치를 고를 때는 크고 넓적한 것으로 선택하세요. 전체적으로 연한 색을 띠며 윤기가 나는 것을 추천해요. 끓이는 동안 생기는 거품을 잘 걷어내야 비린내가 나지 않는답니다. 조개나 생선을 올린 해산물 솥밥을 지을 때 사용하면 맛이 배가됩니다.

 물 2L, 멸치 1줌, 손바닥만 한 크기의 국물용 건다시마 1개

1. 멸치는 머리와 내장을 제거해 손질해요. 그래야 쓴맛이 덜해요.

2. 마른 팬에 손질한 멸치를 중간 불에서 타지 않게 30초간 볶은 후 식히세요.

3. 볶은 멸치와 건다시마를 물에 넣고 강한 불에서 5분 끓인 다음, 다시마를 건져 중간 불에서 15분 더 끓여 면보나 채반으로 걸러요.

육수를 낼 때 사용한 표고버섯은 버리지 말고 쌀 위에 얹어 솥밥을 지으세요. 그러면 쫄깃쫄깃 맛있어집니다. 솥밥 레시피 분량의 물에 국물용 조미료를 1작은술 넣어 만들어 활용해도 괜찮아요.

시판 멸치 육수 팩 혹은 채수 팩도 편해요. 혹시 티백의 미세 플라스틱이 마음에 걸린다면 스테인리스 스틸 통에 덜어 넣어 끓여보는 건 어때요? 요즘엔 옥수수 전분에서 추출한 친환경 소재로 만든 티백도 나와 걱정을 덜 수 있답니다.

'담은수' 채수와 멸치 육수

· 엄선한 양파, 대파, 무, 당근, 표고버섯, 애호박 등 모두 국내산 원물을 로스팅해 건조한 육수 팩으로 방부제 및 다른 첨가물이 들어가지 않았어요.

· 옥수수 전분에서 추출한 친환경 소재로 만든 티백이라 미세 플라스틱 걱정도 없답니다.

· 찬물에 넣어 냉침해도 금방 잘 우러나 요리할 때 간편하게 사용할 수 있어요.

솥밥을 지어도 맛있고, 국을 끓여도 맛있는 육수는 2~3
일에 한 번씩 대용량으로 끓여 냉장고에 넣어놓고 사용
하고 있어요. 친환경 소재를 사용한 육수 팩을 차가운
물에 냉침해 간편하게 준비해 보세요.

자주 쓰는 양념

요리를 할 때 중요한 것 중 하나는 간을 맞추는 일이에요. 싱겁거나 짜지 않고 내 입맛에 딱 맞는 간을 찾아보세요. 집밥 실력이 한 단계 올라갈 거예요. 적은 재료와 짧은 시간으로 비교적 완성도 높은 음식을 만들고 싶다면 쯔유, 맛간장, 참치액 등 풍미를 더해주는 양념을 활용합니다.

쯔유 **사용하는 제품 : 기꼬만 혼쯔유 코이다시 4배 농축** 가다랑어로 맛을 낸 일본식 간장이에요. 간장에 설탕, 맛술을 첨가하고 가쓰오부시 포로 향을 더한 맛간장이라고 생각하면 이해하기 쉬워요. 국수, 덮밥, 우동, 전골, 조림, 각종 소스 등 활용도가 높아 여기저기 편하게 사용할 수 있어요.

참치액 **사용하는 제품 : 서림식품 진참치액** 비린내가 거의 없고 깊은 풍미와 깔끔한 감칠맛을 더해주는 양념이라 간단한 밑반찬부터 국물 요리까지 모든 요리에 두루 활용할 수 있어요. 밋밋한 요리의 풍미를 끌어올려주는데, 의외로 짠맛이 강해 조금만 사용해도 간을 맞추는 데 부족함이 없어요.

해물 티백 **사용하는 제품 : 담은수 해물 티백** 디포리의 진한 감칠맛과 멸치의 구수하고 담백한 맛, 그리고 보리새우의 감칠맛과 단맛에 표고버섯, 당근, 무, 양파, 대파를 더해 만든 해물 팩으로 따로 재료를 사서 힘들게 육수를 끓이지 않아도 되니 정말 간편해요. 차가운 물에 냉침도 가능해서 더 좋은 것 같아요. 전혀 비리지 않은 데다 감칠맛까지 놀라워 솥밥 밥물로 아주 유용합니다.

폰즈소스 **사용하는 제품 : 훈도다이 유자폰즈** 폰즈는 감귤류의 과즙으로 만든 일본 조미료입니다. 풍미가 향긋해 튀김, 회, 샤부샤부 등을 찍어 먹기 좋으니 생선 솥밥에 곁들여 비린맛을 잡아보세요. 샐러드 드레싱이나 해산물 무침 요리에도 활용할 수 있답니다.

오리엔탈 트러플 드레싱 **사용하는 제품 : 스토리앤테이블 오리엔탈 트러플 드레싱** 발사믹 식초와 트러플 오일, 그리고 훈연 참치액을 넣은 오리엔탈 드레싱이에요. 슴슴한 맛의 채소 솥밥이나 고기를 올린 스테이크 솥밥을 내기 전에 1큰술 골고루 뿌리면 고급스러운 짭조름함이 사라락 스며든답니다.

맛간장 **사용하는 제품 : 부엉이 곳간 맛간장** 요리할 때 가장 많이 쓰는 간장. 진간장, 국간장, 양조간장 등 종류가 많아 어디에 무얼 써야 하는지 헷갈리죠? 요즘엔 채소, 과일, 건어물 등 천연 원물로 맛을 낸 간장을 많이 판매하고 있어요. 과일의 천연 단맛과 재료의 감칠맛을 좋아하는 분들에게 추천해요. 좋은 맛간장을 사용하는 것만으로 집밥을 더 건강하고 맛있게 만들 수 있답니다.

미소된장 **사용하는 제품 : 청정원 순창 미소된장** 가볍게 두부, 대파만 넣고 된장국을 끓이고 싶을 때 자주 사용해요. 미소된장은 기본적으로 짠맛이 적은 데다 부드럽고 달짝지근해 후루룩 마시기 좋은 국물 요리와 잘 어울려요. 특히 미소된장국은 아이들도 꽤 좋아하더라고요. 반찬 요리에도 유용한데, 시금치나물을 무칠 때 조금 넣으면 색다른 맛을 경험하게 될 거예요.

솥밥의 기본, 흰쌀밥 짓기

솥밥을 지을 때는 딱 세 가지만 기억해주세요. ① 쌀과 물은 1대 1 비율, ②뚜껑 열고 중강불 5분, 뚜껑 닫고 제일 약한 불 10분, 불 끄고 15분. ③ 밥을 섞을 때는 주걱을 세워 밥을 십자로 자르듯 하고, 쌀알이 공기와 닿는 느낌으로 슬슬 섞기. 솥밥은 밥을 짓는 것도 중요하지만 밥이 다 되었을 때 마지막으로 섞는 방법도 정말 중요해요. 밥알이 부서지지 않게 살살 섞으면서 갓 지은 밥 자체의 물기를 날려주어야 더 고슬고슬한 식감을 낼 수 있답니다.

쌀은 흐르는 물에 여러 번 씻은 후 채반에 밭쳐 물을 뺀 상태에서 불리는 게 제일 좋아요. 그래야 쌀알이 부스러지지 않고 물 냄새나 잡내가 섞이지 않거든요. 쌀 표면에 묻은 물만 흡수하게끔 두면 됩니다. 쌀 품종과 기호에 따라 물의 양을 조금씩 조절하는 걸 추천해요.

재료(2인분 기준) : 쌀 200ml, 물 200ml

① 쌀을 흐르는 물에 여러 번 씻은 후 체에 밭쳐 물기를 뺀 상태로 20분간 불려주세요. 쌀을 씻을 때는 쌀알에 상처가 나지 않게 부드럽게 씻고, 물을 빨리 갈아주세요.

② 냄비에 쌀과 물을 동량(건쌀 기준)으로 넣고, 뚜껑을 연 상태에서 중강불로 5분 끓입니다.

③ 물이 바글바글 끓기 시작하면 쌀알이 부스러지지 않게 주의하면서 주걱으로 2~3번 저어줍니다.

④ 솥의 바닥을 주걱으로 긁었을 때에 바닥이 보이고 길이 생기면, 윗면을 정리한 후 뚜껑을 닫고 제일 약한 불에서 10분간 끓입니다.

⑤ 불을 끄고 15분간 뜸을 들입니다.

⑥ 뚜껑을 열고 밥을 섞습니다. 이때 주걱을 세워 밥을 십자로 자르듯 하고, 쌀알이 공기와 닿는 느낌으로 슬슬 섞어줍니다. 주걱으로 위아래를 뒤집어주는 느낌으로요. 나중에 섞으면 밥이 굳어 맛이 없어지니 유의하세요.

※ 정수기 물 혹은 솥밥 육수를 사용해도 좋아요. 다시마를 2장 정도 쌀 위에 올려 밥을 지으면 감칠맛이 훨씬 깊어집니다. 다시마는 먹기 전에 빼서 제거하거나 채 썰어 솥밥에 곁들이면 돼요.

냄비밥 맛있게 짓는 법
보러가기

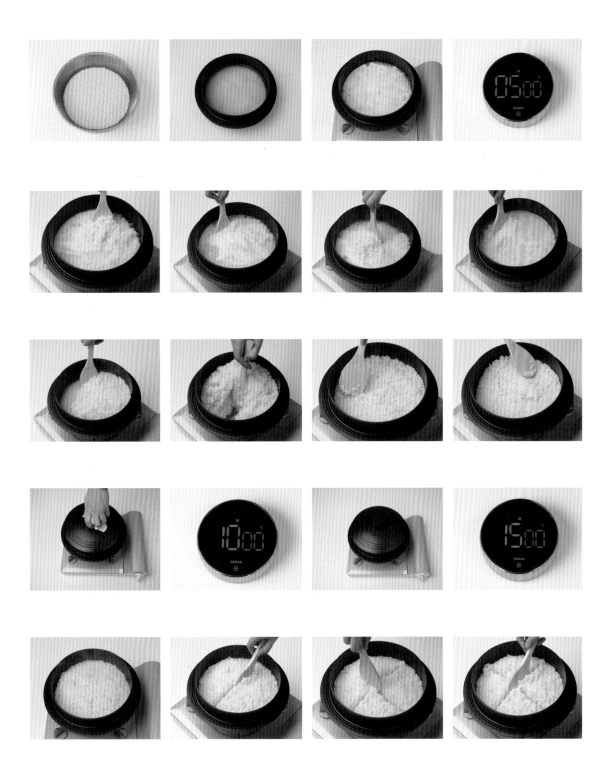

남은 솥밥 활용법

솥밥을 지을 때는 보통 2인분 이상 지어야 쌀과 물의 양을 맞추기 쉽습니다. 먹고 남은 솥밥은 냄비째 서늘한 곳에 두었다가, 다음 날 물 2큰술을 뿌려 약한 불에서 15분간 은은하게 데우면 다시 맛있게 먹을 수 있어요. 더운 여름에는 바로 소분해 용기에 담아 냉장실 혹은 냉동고에 넣어놓습니다.

주먹밥 만들기

손에 물을 묻힌 상태에서 밥을 손에 쥔 뒤 힘을 주어 둥글게 뭉쳐주세요. 둥근 모양이 잡히면 다시 삼각형으로 만들어주세요. 간편하게 주먹밥 틀을 사용해도 좋아요. 만든 주먹밥은 냉장실에 넣어놨다가 다음 날 프라이팬에 들기름을 둘러 약한 불에서 노릇하게 구워보세요. 고소한 맛이 배가되어 더 맛있답니다. 들기름 대신 버터도 추천해요.

오차즈케

식은 솥밥에 차가운 얼음 녹차물이나 따뜻한 솥밥 육수를 부어 오차즈케로 즐겨보세요. 알싸한 와사비를 조금 얹어 변주를 주면 더 좋고요. 김가루나 통깨, 후리가케를 뿌리면 새로운 요리처럼 보인답니다.

냉동밥 용기에 소분하기

남은 솥밥을 냉동밥 용기에 소분해 냉동실에 넣어놓고 밥하기 귀찮은 날 데워 드세요. 고슬고슬한 솥밥의 식감이 여전할 거예요.

오므라이스 만들어 먹기

팬에 식용유를 두른 뒤 식은 솥밥을 올려 볶은 후 그릇에 담습니다. 그런 후 달걀 3개를 풀어 촉촉한 스크램블드에그를 만들어주세요. 전동 거품기로 달걀에 거품을 낸 뒤 요리하면 더 몽글몽글한 스크램블드에그를 완성할 수 있어요. 볶아둔 밥 위에 스크램블드에그를 올립니다. 시판 데미그라스소스를 따뜻하게 데워 얹어도 좋답니다.

솥밥에 올리는 채소 토핑

채소 토핑은 솥밥을 식탁에 내기 직전에 얇게 썰어 올려야 채소의 진하고 신선한 향을 그대로 즐길 수 있답니다.

영양부추
영양부추는 일반 부추에 비해 식감이 살아 있고 향이 진해 입맛을 돋워줍니다. 특히 육류와 궁합이 아주 좋으니 고기를 넣은 솥밥에 두루두루 활용해보세요. 최대한 얇게 썰어 과하다 싶을 정도로 듬뿍 넣어야 솥밥이 전체적으로 향긋해지면서 훨씬 맛있어집니다.

냉이
싱그러운 풀 향을 식탁으로 데려오고 싶다면 냉이를 선택해보세요. 냉이 고유의 단맛과 향은 뿌리에서 강하게 나니 뿌리를 꼭 함께 넣습니다. 모래와 흙이 나오지 않게 여러 번 깨끗이 씻어서 사용해야 해요.

미나리
시원하고 독특한 향이 나는 미나리는 해산물 솥밥, 닭고기 솥밥과 궁합이 잘 맞아요. 음식의 비린내를 잡아주는 역할을 한달까요. 물론 아삭아삭한 식감도 매우 매력적입니다. 5cm 길이로 썰어 그대로 사용해도 좋지만, 폰즈소스에 무쳐 솥밥에 올리는 것도 좋아요. 훨씬 상큼해질 거예요. 미나리를 싫어하는 분들은 쪽파로 대체하세요.

달래
솥밥에 작은 변주를 주고 싶을 때는, 톡 쏘는 매콤한 향과 쌉싸름한 내음이 산뜻한 제철 달래를 활용해요. 알뿌리를 살짝 찧어 총총 썬 다음 솥밥 위에 토핑으로 얹으면 꽤 근사하답니다. 맛간장과 고춧가루, 참기름을 넣어 달래장을 만들어두면 밥 한 그릇은 뚝딱 비울 거예요.

쪽파
파와 양파의 장점만 모은 쪽파. 솥밥에 제일 많이 올리는 토핑입니다. 해물 솥밥에 올리면 비린맛을 눌러주고 기름진 고기 솥밥에 올리면 입안 가득 개운함을 더해주죠. 어떤 솥밥과도 잘 어울려 다른 채소 토핑을 대체할 때 추천해요.

대파
토핑으로 쓸 때는 대파의 하얀 부분만 사용하는 게 좋아요. 초록 잎에서는 진액이 나오거든요. 은은하게 달면서도 알싸한 맛이 있어 기름기가 있는 솥밥에 소복이 올려 즐기면 좋습니다. 대파의 매운맛이 신경 쓰인다면 들기름에 가볍게 볶으세요. 단맛과 고소함이 배가된답니다.

영양부추

냉이

미나리

달래

쪽파

솥밥과 곁들이기 좋은 반찬

갖은 재료를 올린 솥밥에는 굳이 많은 반찬이 필요하지 않아요. 김이 모락모락 나는 솥밥을 고루 섞어 먹기만 해도 충분하거든요. 따라서 밥맛을 돋우는 짭조름한 절임이나 갓 무친 나물 한두 가지만 내도 근사한 한 상 차림이 될 거예요.

청어알젓
톡톡 터지는 매콤한 청어알젓. 젓갈 특유의 냄새가 심하지 않고 짜지 않으면서 오독오독 씹히는 게 날치알보다 훨씬 맛있어요. 고소한 맛을 좋아한다면 들기름과 곱게 간 통깨를, 매콤한 걸 좋아한다면 청양고추를 다져 넣어보세요. 솥밥에 조금씩 올려 함께 먹으면 매콤한 감칠맛이 화룡점정이 되어준답니다.

우엉피클
아삭아삭 씹는 맛이 매력적인 뿌리채소 우엉을 간장소스로 양념한 피클이에요. 간장에 짭조름하게 조린 피클로 솥밥 반찬으로도 산뜻하게 먹을 수 있고 단무지 대신 꼬마김밥 재료로도 활용할 수 있어요. 우엉은 혈당 조절 및 혈관 질환 완화, 그리고 항암, 변비 예방에도 참 좋은 착한 식재료입니다. '단짠단짠' 조림으로 만들어 먹어보세요.

훈연 단무지
뜨거운 연기로 익혀 말린 무를 저온에서 천천히 숙성시켜 독특한 향이 살아 있는 훈연 단무지. 부드러운 짠맛과 적은 산미가 매력인 반찬입니다. 약간 질긴 느낌이 들지만, 그마저도 재밌다는 생각이 들어요. 시판 훈연 단무지를 구입하면 긴 무 1개가 통으로 들어 있는데, 최대한 얇게 썰어 반찬으로 내보세요. 고슬고슬한 솥밥과 참 잘 어울려요.

오이무침
나무 방망이로 두들겨 만든 고소한 오이무침을 곁들이세요. 오이를 굵은소금으로 박박 문지른 후 도마 위에 놓고 나무 방망이로 두들깁니다. 오이가 너무 으스러지지 않게 조금 부드러워질 정도로만 두드리면 됩니다. 두들긴 오이를 큼직하게 한 입 크기로 썰고, 소금과 쯔유, 참기름으로 간을 해서 살살 무치세요(오이 2개 기준 : 소금 약간, 쯔유 1큰술, 참기름 1큰술).
냉장실에 30분 정도 넣어 절인 뒤 먹기 전에 통깨를 갈아 1큰술 뿌려주세요. 절이는 동안 오이에서 물이 빠져나와 간이 약해질 수 있으니 식탁에 내기 전에 한 입 먹어보세요. 조금 싱겁다면 쯔유를 ½큰술 추가해 간을 맞춥니다. 입안을 시원하고 깔끔하게 해주는 오이무침과 함께라면 한 그릇 더 먹을 수 있을 것 같은 기분이 든답니다.

두꺼운 곱창김
두꺼운 곱창김을 손바닥 크기로 길쭉하게 잘라 솥밥과 함께 내보세요. 처음엔 솥밥 자체의 맛을 만끽하다가, 조금 질린다 싶을 때 곱창김에 솥밥을 올려 청어알젓이나 우엉피클과 함께 먹는 걸 추천해요. 소소한 재료로 맛에 변주를 주면 솥밥을 더 다양하게 즐길 수 있답니다. 바삭함을 즐기고 싶다면 마키용 김도 좋을 거예요.

수제 페스토

다양한 빵과 샐러드, 파스타 등 어느 요리에나 곁들이기 좋은 페스토를 솥밥에 올려 먹으면 어떨까요? 신선한 초록빛을 가득 머금은 바질 페스토는 채소 솥밥에, 그윽한 맛과 향의 트러플 페스토는 고기 솥밥에, 톡 쏘는 매운맛의 할라피뇨 페스토는 생선 솥밥에 잘 어울리죠. 모두 솥밥에 화려한 감칠맛을 더해 훌륭한 요리로 변신시켜줘요. 가끔은 풍미를 끌어올리기 위해 페스토를 한 스푼 넣어 밥을 짓기도 해요.

유자청소스

시판 유자청을 활용해 간단하게 만든 소스로 슴슴한 채소 솥밥과 흰 살 생선 솥밥에 참 잘 어울립니다. 상큼하고 달콤한데 짭조름한 신맛까지 더해져 맛의 결을 더욱 풍성하게 만들어줘요(레시피 : 유자청 2큰술, 진간장 1큰술, 식초 1큰술, 물 1큰술).

왼쪽_ 스토리앤테이블 할라피뇨 페스토
오른쪽_ 트러플 페스토

처음 솥밥을 할 때 자주 묻는 몇 가지 질문

Q. 솥밥을 지을 때 보통 쌀과 물을 동량으로 넣으라고 하는데, 여기서 쌀은 불리기 전 생쌀 기준인가요, 불린 쌀 기준인가요?
A. 불리기 전 생쌀 기준입니다.

Q. 중간에 냄비 뚜껑을 여닫아도 상관이 없나요?
A. 압력밥솥이 아닌 냄비로 짓는 밥이라서 뚜껑을 열고 닫는 것은 크게 문제가 되지 않습니다. 혹시 끓고 있나, 타지는 않을까 불안하다면 중간중간 뚜껑을 열어도 무방해요.

Q. 처음에 뚜껑을 열고 끓이는 이유는 무엇인가요?
A. 처음부터 뚜껑을 닫고 끓여도 되지만 물이 넘치는 것을 걱정하는 분들이 많아 열고 끓이는 것을 추천하고 있습니다. 약한 불로 줄이기 전에는 뚜껑을 열고 끓이는 게 물이 넘치지도 않고 마음도 편할 거예요.

Q. 솥밥용 냄비는 어떤 걸 사용하고 있나요?

A. 무쇠 냄비부터 이중 뚜껑 도기솥까지 그때그때 다르게 사용하고 있어요. 흰쌀로만 솥밥을 지을 때는 불을 간단하게 조절할 수 있는 이중 뚜껑 도기솥을 사용하고, 이런저런 재료를 얹는 솥밥에는 무쇠 냄비를 써요. 도기솥은 세제로 세척할 수 없어 고기나 생선 솥밥을 만들고 나면 냄새가 배 잘 없어지지 않거든요. 참고로 도기솥에 지은 밥은 조금 더 찰지고, 무쇠 냄비에 지은 밥은 조금 더 고슬고슬하답니다.

Q. 미리 밥을 지어놓는 경우엔 어떻게 밥을 데워 먹나요?
A. 1~2시간 정도일 경우에는 솥밥을 모두 지은 후 주걱으로 잘 섞어 뚜껑을 닫아놓고 먹기 전에 물 2큰술을 추가해 약한 불에서 10분 정도 데우면 솥밥을 다시 따뜻하게 먹을 수 있어요. 시간이 오래 걸릴 경우에는 밥을 소분 용기에 따로 담아 전자레인지에 데워 먹으면 편해요.

Q. 누룽지는 어떻게 만드나요?
A. 솥밥이 완성된 후 밥을 최대한 퍼내 바닥과 냄비 벽에만 밥을 얇게 남기고 약한 불에서 15분간 익히면 누룽지 왕관을 만들 수 있어요.

Q. 무쇠 냄비 말고 저렴한 냄비에 밥을 지으면 맛이 없나요?
A. 두꺼운 무쇠 냄비는 뜨거운 열이 골고루 잘 전달되고 여열이 오랫동안 남아 다른 냄비보다 밥이 더 맛있게 지어집니다. 또 뚜껑이 무겁기 때문에 필요한 압력도 적절히 가해지고요.

Q. 쌀은 어떻게 보관하나요?
A. 쌀은 밀폐 용기에 담아 냉장 보관하고 있어요. 갓 도정한 쌀을 소량으로 그때그때 구입하는 게 제일 좋답니다.

Q. 집에 쯔유가 없는데 간장을 사용해도 되나요?
A. 일반 간장은 너무 짜고 맛이 강하니, 맛간장을 ½ 비율로 사용하거나 국시 간장을 사용하는 것을 추천합니다.

Q. 솥밥과 잘 어울리는 와인은 뭐가 있나요?
A. 고기 솥밥은 레드 와인, 생선 솥밥은 화이트 와인이나 샴페인과 어울립니다. 특히 레드 와인은 이탈리아산 키안티 품종을 추천할게요.

Q. 솥밥 마지막에 채소를 얹을 때 영양부추 혹은 미나리가 없을 때는 뭘로 대신하면 좋은가요?
A. 쪽파, 실파 혹은 대파를 얇게 썰어 올려도 문제없어요. 대파는 흰색 부분만 사용하세요. 초록 부분에선 진액이 나오기 때문에 쓰지 않는 게 좋답니다. 영양부추를 대신하기에는 그냥 부추보다는 쪽파가 더 나을 거예요.

솥밥과 관련해 궁금한 점은 유튜브 '류니키친'에 오셔서 댓글로 남겨주세요. 바로바로 자세히 대답해드리겠습니다.

Part. 01

**구수한
솥밥 밥상**

모둠버섯솥밥과
들기름두부찌개

선선한 바람이 두 뺨을 스치는 날씨에는 그 어느 때보다 버섯의 향이 풍부하고 맛도 진해져요. 향긋하고 쫄깃한 버섯을 한가득 얹은 모둠버섯솥밥과 함께 가을의 정취를 품은 밥상을 즐겨보세요.

표고버섯, 느타리버섯, 새송이버섯 등 모든 버섯은 비타민과 무기질, 그리고 식이 섬유소가 풍부해 영양적으로 최고의 식재료 중 하나입니다. 어떤 요리에 넣어도 맛있지만 버섯 본연의 맛과 향, 영양을 그대로 살려 솥밥을 지어 먹으면 건강한 음식은 맛이 없다는 편견에서 벗어날 수 있을 거예요. 봄에는 향긋한 달래장을 곁들이고, 가을에는 향이 진한 제철 송이버섯이나 능이버섯으로 대체해 요리하세요.

고소한 들기름과 보들보들한 두부의 만남은 생각만으로도 속이 편안해지는 조합이에요. 뜨끈한 국물이 생각나는 날, 기분 좋게 슴슴하고 투박한 들기름두부찌개를 끓여 드세요. 자극적인 맛 없이 재료의 맛이 고스란히 느껴져 더 매력적이에요.

따뜻한
모듬버섯솥밥

재료

· 쌀 300㎖
· 육수 290㎖
· 표고버섯 3~4개
· 느타리버섯 100g
· 팽이버섯 100g
· 쪽파 ½단
· 무염 버터 1큰술
· 들기름 2큰술
· 쯔유 2큰술
· 소금 약간
· 통후추 & 통깨 약간

소요 시간

· 전체 소요 시간 40분
(재료 10분 + 밥 짓는 시간 30분)

1. 쌀은 흐르는 물에 여러 번 씻은 후 체에 밭쳐 물기를 뺀 상태에서 20분간 불리세요.

2. 표고버섯은 밑동을 잘라 편 썰고, 느타리버섯과 팽이버섯은 밑동을 자른 후 먹기 좋게 찢어 주세요.
기호에 따라 새송이버섯을 편 썰어 추가해도 좋아요.

3. 손질한 버섯을 볼에 넣고 소금 약간, 쯔유 1큰술, 들기름 1큰술, 간 통후추 약간으로 골고루 무친 후 마른 팬에 올려 중간 불에서 노릇하게 굽습니다.

4. 쪽파를 얇게 총총 썰어주세요.

5. 솥에 불린 쌀과 육수를 붓고 무염 버터 1큰술, 쯔유 1큰술을 넣어 간을 해요.

6. 뚜껑을 연 채 중강불에서 5분간 끓이고, 바글바글 끓어오르면 주걱으로 2~3번 살살 저은 후 ③을 쌀 위에 가지런히 올리고, 뚜껑을 닫으세요.

7. 뚜껑을 닫고 제일 약한 불에서 10분, 불을 끄고 15분간 뜸 들입니다.

8. 밥이 다 되면 뚜껑을 열어 썰어둔 쪽파를 가득 올리고, 들기름 1큰술과 통깨를 뿌리세요.

보글보글
들기름두부찌개

1 두부는 먹기 좋게 가지런히 썰고, 양파는 채 썰어주세요. 팽이버섯은 밑동을 잘라 먹기 좋게 찢고, 대파는 어슷 썰어줍니다.

2 냄비에 양파를 깔고 두부를 올린 후 육수를 부으세요.

3 분량의 양념으로 양념장을 만들어 두부 위에 끼얹고, 중간 불에서 바글바글 끓이세요.

4 찌개가 끓으면 약한 불로 줄여 팽이버섯과 대파를 넣고 5분 더 뭉근히 끓이세요.

5 불을 끄고 후춧가루를 두 번 톡톡 뿌려 마무리하세요.

재료
· 찌개용 두부 1모
· 육수 500㎖
· 양파 ¼개
· 대파 ½대
· 팽이버섯 100g

양념장
· 고춧가루 1큰술
· 다진 마늘 ½큰술
· 국간장 1큰술
· 참치액 1큰술
· 쯔유 1큰술
· 들기름 2큰술
· 후춧가루 약간

소요 시간
· 전체 소요 시간 20분
(재료 5분 + 끓이는 시간 15분)

들깨시래기솥밥과
청국장찌개

구수한 풍미와 부드러운 식감이 특징인 시래기는 볶음이나 무침 등의 요리에 자주 활용됩니다. 특히 비타민과 미네랄이 풍부해 건강 식단으로도 좋아요. 시래기를 들깨에 무쳐 쌀에 올리면 색다른 시래기 요리를 즐길 수 있어요.

들깨는 특유의 향과 고소한 맛으로 요리의 풍미를 돋워 입맛을 사로잡습니다. 우리가 흔히 먹는 깻잎의 씨앗으로, 기름으로 짜서 들기름을 만들거나 가루를 내서 들깨가루를 만들죠. 나물 무침이나 국, 찌개에 간단하게 고소한 맛을 추가하고 싶을 때 들깨가루를 이용해보세요. 다만 들깨가루에는 기름이 많아 오래 보관하면 산패되기 쉬우므로 밀폐 용기에 담아 냉동 보관하는 걸 추천해요. 오래 끓이면 맛이 텁텁해질 수 있으므로 제일 마지막에 넣는 게 좋다는 걸 기억해주세요.

가끔 짭짤하고 쿰쿰한 찌개가 먹고 싶을 땐 청국장을 끓여보세요. 푹 삶은 콩과 갖은 채소의 조합은 진한 별미가 된답니다. 묵은 신김치나 알타리김치를 넣어 깊은 맛을 더할 수도 있어요. 오래 묵은 김치는 고춧가루를 씻어내야 텁텁함이 덜합니다. 신맛이 과할 땐 설탕을 약간 추가해 해결하세요.

따뜻한
들깨시래기솥밥

재료

· 쌀 300㎖
· 시판 사골육수 290㎖
· 삶은 시래기 2줌
· 들깨가루 1큰술
· 들기름 3큰술
· 쯔유 2큰술
· 참치액 1큰술
· 소금 약간
· 통깨 1큰술

소요 시간

· 전체 소요 시간 40분
(재료 10분 + 밥 짓는 시간 30분)

1 쌀은 흐르는 물에 여러 번 씻은 후 체에 밭쳐 물기를 뺀 상태로 20분간 불립니다.

2 삶은 시래기는 먹기 좋게 자른 후 물기를 꼭 짜서 들기름 2큰술, 들깨가루 1큰술, 쯔유 1큰술, 참치액 1큰술, 소금을 넣어 조물조물 무쳐주세요.

3 솥에 불린 쌀과 육수를 붓고 쯔유 1큰술로 밑간을 한 다음, 쌀 위에 양념한 시래기를 얹어요.

4 뚜껑을 연 채 중강불에서 5분간 끓이고, 바글바글 끓어오르면 주걱으로 3~4번 살살 저은 후 뚜껑을 닫으세요.

5 뚜껑을 닫고 제일 약한 불에서 10분, 불을 끄고 15분간 뜸 들입니다.

6 밥이 다 되면 뚜껑을 열어 들기름 1큰술과 통깨를 뿌린 뒤 밥을 잘 섞어 내세요.

보글보글
청국장찌개

1 두부는 먹기 좋게 깍둑 썰고, 애호박은 반달 모양으로, 대파는 어슷하게 썰어주세요.

2 김치는 조금 잘게 썰어주세요.

3 냄비에 돼지고기를 넣고 맛술 1큰술, 참치액 1큰술, 후춧가루 약간을 넣은 후 강한 불에서 볶아주세요.

4 고기가 반쯤 익으면 김치를 넣어 볶다가, 김치가 야들야들해지면 육수를 붓고 강한 불에서 끓이면서 거품을 제거하세요.

5 청국장 2큰술, 다진 마늘 1큰술을 잘 풀어주고, 애호박을 넣어 한소끔 끓인 후 약한 불로 뭉근히 10분간 더 끓여요.

6 두부와 고춧가루 1큰술을 넣고 5분 더 끓이다가 대파를 얹은 후 새우젓으로 간을 맞추세요.

재료
· 찌개용 두부 ½모
· 육수 500㎖
· 애호박 ½개
· 대파 ½대
· 익은 김치 ⅙포기
· 돼지고기(찌개용) 150g
· 고춧가루 1큰술
· 다진 마늘 1큰술
· 참치액 1큰술
· 청국장 2큰술
· 맛술 1큰술
· 후춧가루 약간
· 새우젓 약간

소요 시간
· 전체 소요 시간 20분
(재료 10분 + 끓이는 시간 10분)

49

시금치소고기솥밥과
김치콩비지찌개

유독 겨울에 더 싱싱하고 단맛이 진해지는 시금치. 달큰한 시금치로 건강하면서 맛까지 좋은 솥밥을 만들어 보세요. 조금 과하다 싶을 정도로 시금치를 듬뿍 올려야 숨이 죽으면서 양이 딱 알맞아요.

저는 시금치 중에서도 경상북도 포항에서만 재배되는 '포항초'를 특히 좋아해요. 찬 바람 부는 10월 말부터 3월까지 나는 겨울 대표 나물로, 바닷바람을 맞고 자란 탓에 일반 시금치에 비해 키는 작지만, 당도는 더 높고 향과 맛도 훨씬 더 뛰어나답니다. 짭짤한 맛이 은은하게 감돌아 맛만 봐도 바닷가 출신임을 짐작할 수 있지요. 세척하지 않은 상태에서 냉장실에 밀봉 보관해야 오래 먹을 수 있답니다. 잎이 크고 고르면서 짙은 녹색을 띠며, 이물질이 없는 것으로 골라보세요. 뿌리 부분에 십자로 칼집을 낸 후 지저분한 부분을 제거하고 흐르는 물에 부드러운 잎이 다치지 않도록 조심해서 세척합니다.

새콤한 묵은지와 구수한 콩비지의 어울림은 까슬거리던 입맛을 다시 찾아줍니다. 건강하고 맛있는 콩비지를 따끈하게 끓여 먹어보세요. 냉장고에 콩비지가 없을 때는 찌개용 두부를 면보로 짜 곱게 으깨 사용해도 괜찮아요.

따뜻한
시금치소고기솥밥

재료

- 쌀 300㎖
- 육수 300㎖
- 시금치 ½단
- 다진 소고기 200g
- 쯔유 1큰술
- 식용유 1큰술

다진 소고기 양념

- 참치액 1큰술
- 간장 ½큰술
- 매실액 1큰술
- 맛술 1큰술
- 참기름 1큰술
- 후춧가루 약간

소요 시간

- 전체 소요 시간 40분

(재료 10분 + 밥 짓는 시간 30분)

1 쌀은 흐르는 물에 여러 번 씻은 후 체에 밭쳐 물기를 뺀 상태에서 20분간 불립니다.

2 시금치는 흙을 깨끗이 씻고 밑동을 잘라 준비합니다.

3 다진 소고기는 참치액 1큰술, 간장 ½큰술, 매실액 1큰술, 맛술 1큰술, 참기름 1큰술, 후춧가루 약간으로 간하고 식용유 1큰술을 두른 팬에 중간 불로 볶아주세요.
   고기가 뭉친다면 나무 주걱을 세워 자르듯이 볶아줍니다.

4 고기의 물기가 다 날아가고 바삭하게 익으면 키친타월에 옮겨 담아요.

5 솥에 불린 쌀과 육수를 붓고 쯔유 1큰술로 쌀에 간을 합니다.

6 뚜껑을 연 상태에서 중강불로 5분간 끓이고, 바글바글 끓어오르면 주걱으로 2~3번 살살 저은 후 볶아둔 고기를 올리세요.

7 뚜껑을 닫고 제일 약한 불에서 10분간 끓이고 나서, 뚜껑을 열어 조금 과하다 싶을 정도로 시금치를 듬뿍 올립니다.
   시금치는 숨이 많이 죽으므로 듬뿍 넣습니다.

8 다시 뚜껑을 닫고 불에서 내려 15분간 뜸들입니다.

9 밥이 다 되면 모든 재료를 골고루 섞어 냅니다.

보글보글
김치콩비지찌개

1	돼지고기 국거리는 키친타월에 올려 핏기를 닦아내고 고춧가루 2큰술, 다진 대파 2큰술, 다진 마늘 1큰술, 참치액 1큰술, 국간장 ½큰술로 밑간을 합니다.
2	묵은지는 먹기 좋게 한 입 크기로 썰어요.
3	살짝 열이 오른 냄비에 참기름 1큰술을 두르고 밑간한 돼지고기를 넣어 중간 불에서 볶으세요.
4	돼지고기가 익은 듯싶으면 묵은지를 넣고 중간 불에서 달달 볶다가 김치의 숨이 죽으면 육수를 넣습니다(콩비지 : 육수 비율은 1:1입니다).
5	강한 불로 가열하고 끓어오르면 콩비지를 넣으세요.
6	중간 불로 잘 저으며 끓이다 끓어오르면 국간장 1큰술과 소금으로 간을 맞춰 냅니다.

재료
· 콩비지 300g
· 육수 300㎖
· 돼지고기(국거리) 200g
· 묵은지 1컵
· 참기름 1큰술
· 국간장 1큰술
· 소금 약간

돼지고기 양념장
· 고춧가루 2큰술
· 다진 대파 2큰술
· 다진 마늘 1큰술
· 참치액 1큰술
· 국간장 ½큰술

소요 시간
· 전체 소요 시간 20분
(재료 5분 + 끓이는 시간 15분)

우엉불고기솥밥과
콩나물찌개

솥밥에 재료를 더하면 밋밋한 쌀밥도 반찬 없이 근사하게 먹을 수 있죠. 어른도 아이도 모두 좋아하는 달짝지근한 불고기에 아삭아삭 씹히는 우엉을 고슬고슬한 솥밥 위에 올려보세요. 우엉은 너무 건조하지 않으며 줄기가 전체적으로 고르게 뻗어 있는 것, 상처 없이 매끈하고 밝은 갈색을 띠는 것을 골라요. 1월부터 3월이 제철이며, 아삭아삭한 식감이 좋습니다. 김밥 속 재료로 사용하거나 전골, 찌개에 넣어 먹으면 구수한 맛을 더해줍니다.

추운 겨울밤, 뜨거운 우엉차를 끓여 마셔보는 건 어때요?
고소한 감칠맛에 놀랄 거예요. 카페인이 없어 마음 편히 마실 수 있어요.

속이 확 풀리는 국물이 먹고 싶은 날에는 간단한 재료로 콩나물찌개를 끓여보세요. 콩나물국보다는 좀 더 진득한 맛이에요. 콩나물을 듬뿍 넣어 특유의 아삭함을 즐기기에 좋죠. 처음부터 끝까지 뚜껑을 열고 계속 끓이는 것이 콩나물 비린내가 나지 않게 하는 방법입니다.

따뜻한
우엉불고기솥밥

재료

- 쌀 300㎖
- 육수 300㎖
- 소고기(불고기용) 300g
- 우엉 1대
- 쪽파 ½단
- 당근 ½개
- 쯔유 2큰술
- 식용유 1큰술
- 소금 약간
- 통깨 약간

불고기 양념

- 간장 2큰술
- 맛술 1큰술
- 설탕 1큰술
- 참기름 1큰술
- 통깨 ½작은술
- 후춧가루 약간

소요 시간

- 전체 소요 시간 40분

(재료 10분 + 밥 짓는 시간 30분)

1 쌀은 흐르는 물에 여러 번 씻은 후 체에 밭쳐 물기를 뺀 상태에서 20분간 불립니다.

2 소고기는 키친타월로 핏기를 제거해 먹기 좋게 썬 후 분량의 양념으로 버무려 20분간 재웁니다.

3 당근과 우엉을 먹기 좋게 채 썰고, 우엉은 아린 맛을 제거하기 위해 찬물에 10분간 담가놓습니다.

4 프라이팬에 식용유 1큰술을 두르고 중간 불에서 당근을 볶으면서 소금으로 간해주세요.

5 당근 볶은 팬에 우엉도 중간 불에서 볶아주세요. 이때 쯔유 1큰술로 우엉에 간을 합니다.

6 솥에 불린 쌀과 육수를 붓고 쯔유 1큰술로 쌀에 간을 해요.

7 뚜껑을 연 상태에서 중강불로 5분간 끓이고, 바글바글 끓어오르면 주걱으로 2~3번 살살 저은 후 쌀 위에 볶은 당근과 우엉을 올려요.

8 뚜껑을 닫고 제일 약한 불에서 10분간 끓이고, 불에서 내려 15분간 뜸 들입니다.

9 뜸 들이는 동안 팬에 양념한 불고기를 올려 강한 불에서 물기 없이 바짝 볶아요. 이 때 고기가 뭉치지 않도록 신경 써주세요.

10 쪽파는 얇게 총총 썰어 준비합니다.

11 다 된 밥 위에 볶은 불고기를 올리고, 그 위에 쪽파를 듬뿍 올린 후 통깨를 뿌려요.

12 뚜껑을 닫아 1분 정도 둔 후 재료를 골고루 섞어 냅니다.

보글보글
콩나물찌개

1	콩나물은 뿌리를 다듬고, 양파는 채 썰고, 대파는 어슷 썰어 준비합니다.
2	유리 볼에 국간장 1큰술, 참치액 1큰술, 다진 마늘 1큰술, 다진 대파 2큰술, 고춧가루 2큰술, 참기름 1큰술을 잘 섞어 양념을 만듭니다.
3	냄비 바닥에 양파를 깔고 콩나물을 올립니다.
4	②의 양념을 콩나물 위에 끼얹고 육수를 붓습니다.
5	강한 불에서 5분간 끓여 콩나물을 아삭하게 익힙니다.
6	어슷 썬 대파를 넣고 중간 불에서 1분 더 끓입니다.
7	모자란 간은 소금으로 맞춰 냅니다.

재료
· 콩나물 1봉
· 육수 400㎖
· 양파 ½개
· 대파 1대
· 소금 약간

콩나물 양념
· 국간장 1큰술
· 참치액 1큰술
· 다진 마늘 1큰술
· 다진 대파 2큰술
· 고춧가루 2큰술
· 참기름 1큰술

소요 시간
· 전체 소요 시간 15분
(재료 5분 + 끓이는 시간 10분)

들기름두부솥밥과
유부뭇국

이유 없이 속이 더부룩한 날에는 부드러운 두부솥밥으로 속을 따뜻하게 달래보면 어떨까요? 동네 기름집에서 갓 짠 들기름이 담백한 두부의 고소함을 더 돋보이게 해주고, 쫄깃한 표고버섯이 식감을 더해준답니다.

참기름, 들기름, 올리브유 등 요리에 풍미를 더하는 기름은 좋은 걸 사용해야 해요. 저는 마트에서 파는 들기름보다는 시장 방앗간에서 갓 짜낸 들기름을 찾아요. 비록 방앗간이 걸어서 30분 거리에 있지만, 그만큼 가치가 있더라고요. 볶은 들깨로 짠 들기름은 한식 요리의 풍미를 더욱 돋보이게 해줘요. 고소한 나물이나 볶음에 꼭 사용하는 녀석이랍니다. 그래서인지 개인적으로 참기름보다 들기름에 더 손이 자주 갑니다. 주의해야 할 게 있다면, 뚜껑을 닫아 꼭 냉장 보관해야 한다는 것이에요.

보드라운 유부를 넣어 끓인 국은 추운 겨울날이면 꼭 생각나는 한 그릇입니다. 휘리릭 끓여내 밥상에 올려보세요. 유부에서 고소함이 은은하게 배어나와 입맛 없는 아침에도 풍미를 돋워줍니다.

따뜻한
들기름두부솥밥

재료

· 쌀 300㎖

· 육수 300㎖

· 두부 1모

· 애호박 ½개

· 표고버섯 5개

· 대파 1대

· 들기름 2큰술

· 굴소스 1큰술

· 쯔유 2큰술

· 통깨 1큰술

· 매실액 1큰술

달래 양념장

· 달래 1줌

· 간장 2큰술

· 고춧가루 ½큰술

· 맛술 1큰술

· 참기름 ½큰술

· 통깨 1작은술

소요 시간

· 전체 소요 시간 40분

(재료 10분 + 밥 짓는 시간 30분)

1. 쌀은 흐르는 물에 여러 번 씻은 후 체에 밭쳐 물기를 뺀 상태에서 20분간 불립니다.

2. 대파는 총총 썰어 준비합니다. 애호박과 표고버섯은 작게 깍둑썰기해요.

3. 팬에 들기름 1큰술을 두르고 대파를 볶아 파기름을 내세요.

4. 두부는 곱게 으깨 물기를 꼭 짠 후 ③에 넣고 뭉치지 않도록 하며 노릇하게 볶습니다.

5. 굴소스 1큰술로 ④에 간을 해요.

6. 마른 팬에 표고버섯과 애호박을 볶다가 쯔유 1큰술, 매실액 1큰술로 간한 후 수분을 날리세요.

7. 솥에 불린 쌀과 육수를 붓고 쯔유 1큰술로 쌀에 간을 합니다.

8. 뚜껑을 연 상태에서 중강불로 5분간 끓이고, 바글바글 끓어오르면 주걱으로 2~3번 살살 젓습니다.

9. 볶은 버섯, 애호박과 두부를 올린 후 뚜껑을 닫고 제일 약한 불에서 10분간 끓이세요.

10. 불을 끄고 15분간 뜸 들입니다.

11. 다 된 밥 위에 들기름 1큰술, 통깨 1큰술을 뿌려 잘 섞어 냅니다.

매콤하게 먹길 원한다면 달래 양념장을 곁들이세요. 처음엔 솥밥만 먹다가 두 번째 그릇에선 향긋한 달래장을 취향껏 추가해도 좋아요.

보글보글
유부뭇국

1   무는 도톰하고 길게 채 썰고 실파는 새끼손가락만 한 길이로 썰어 준비합니다.

2   냉동 유부는 끓는 물에 한번 데쳐 굵게 채 썰어주세요.

3   냄비에 육수를 넣어 강한 불에서 끓입니다.

4   육수가 보글보글 끓어오르면 미소된장 1큰술을 풀어 넣습니다.

5   ④에 무를 넣고 다시 끓어오르면 다진 마늘 1큰술, 쯔유 1큰술, 채 썬 유부를 넣습니다.

6   모자란 간은 소금으로 맞추고, 실파를 넣어 중간 불에서 5분 더 끓여 냅니다.

재료

· 냉동 유부 4장

· 육수 500㎖

· 무 1/3개

· 실파 1/2줌

· 미소된장 1큰술

· 쯔유 1큰술

· 다진 마늘 1큰술

· 소금 약간

소요 시간

· 전체 소요 시간 15분

(재료 5분 + 끓이는 시간 10분)

차돌박이무쇠솥밥과
두부새우젓찌개

지글지글 차돌박이 굽는 소리가 부엌에서 들려오는 날은 어김없이 차돌박이솥밥을 만드는 날이에요. 차돌박이는 풍성한 육즙과 혀 끝에 감겨드는 진한 고소함에 누구나 좋아하죠.

기름기가 차르르 도는 차돌박이와 알싸한 향이 매력적인 영양부추의 어울림은 한번 맛보면 잊을 수 없어요. 냉장 상태의 신선한 생차돌박이를 된장찌개, 샤부샤부 등 국물 요리에 넣어도 맛있고요. 차돌박이는 꼭 동네 정육점에 들러 직접 눈으로 보고 구입합니다. 하얀 지방이 고루 퍼져 있는지, 지방과 살코기의 비율이 제대로인지 말이에요. 특별한 날이나 손님 초대 요리로도 손색이 없는 차돌박이부추솥밥이랍니다. 드라이한 레드 와인과도 잘 어울리니 함께 즐겨보세요.

새우젓을 냉장고에 항상 구비해두고 찌개나 국을 끓일 때 한 스푼씩 넣으면 감칠맛이 확 살아나요. 6월에 잡은 새우로 담근 '육젓'을 최고로 친다고 해요. 그 무렵에 잡은 새우가 살이 많고 끝맛이 제일 고소하거든요. 개운하고 맑은 국물이 생각난다면 두부새우젓찌개를 보글보글 끓여보세요.

따뜻한
차돌박이부추솥밥

재료

· 쌀 300㎖
· 육수 290㎖
· 차돌박이 300g
· 영양부추 ½단
· 느타리 버섯 ½팩
· 쯔유 2큰술
· 무염 버터 1큰술
· 폰즈소스 1큰술

차돌박이 양념

· 참치액 ½큰술
· 쯔유 1큰술
· 통후추 약간

소요 시간

· 전체 소요 시간 40분

(재료 10분 + 밥 짓는 시간 30분)

1 쌀은 흐르는 물에 여러 번 씻은 후 체에 밭쳐 물기를 뺀 상태에서 20분간 불립니다.

2 차돌박이는 키친타월로 핏기를 제거한 후 3등분해서 참치액 ½큰술, 쯔유 1큰술, 통후추를 갈아 넣어 양념하세요.

3 느타리버섯은 밑동을 잘라 먹기 좋게 찢습니다.

4 솥에 불린 쌀과 육수를 붓고 무염 버터 1큰술, 쯔유 2큰술로 간합니다.

5 쌀 위에 느타리버섯을 올리고 뚜껑을 열어 중강불에서 5분간 끓입니다.

6 바글바글 끓어오르면 주걱으로 2~3번 살살 젓고 뚜껑을 닫아 제일 약한 불에서 10분간 끓입니다.

7 불을 끄고 15분간 뜸 들이세요.

8 뜸을 들이는 동안, 기름을 두르지 않은 팬에 양념한 차돌박이를 강한 불로 바삭하게 볶아요.

9 영양부추는 최대한 얇게 총총 썰어놓습니다.

10 다 된 밥 위에 한쪽은 구운 차돌박이, 한쪽은 영양부추를 올립니다. 차돌박이에서 나온 기름도 꼭 같이 넣어주세요. 영양부추는 과하다 싶을 정도로 듬뿍 올리는 게 좋아요.

11 폰즈소스 1큰술을 추가하고 뚜껑을 닫고 2~3분 있다가 다시 뚜껑을 열어 모든 재료를 잘 섞어 냅니다.

12 모자란 간은 쯔유나 폰즈소스로 맞춥니다. 마지막에 통후추를 갈아 올려도 좋아요.

보글보글
두부새우젓찌개

1   청양고추, 홍고추, 대파는 어슷하게 썰고, 두부는 깍둑 썰기 해주세요.

2   유리 볼에 달걀 2개를 풀고 맛술 1큰술, 쯔유 1큰술로 간을 합니다.

3   냄비에 육수를 넣어 강한 불에서 끓입니다.

4   육수가 끓기 시작하면 두부를 넣고 맛술 1큰술, 새우젓 1큰술, 다진 마늘 1큰술을 넣습니다.

5   다시 끓기 시작하면 달걀물을 골고루 원을 그리며 부으세요. 이때 저으면 달걀이 흩어지니
      젓지 말아야 합니다.

6   달걀이 몽글몽글 끓어오르면 크게 3~4번 저어줍니다.

7   어슷하게 썬 청양고추, 홍고추, 대파를 넣고 부족한 간은 소금을 넣어 맞춰주세요.

8   마지막으로 후춧가루를 톡톡 뿌려 식탁에 올립니다.

재료
· 두부 ½모
· 육수 500㎖
· 청양고추 1개
· 홍고추 1개
· 대파 ½대
· 새우젓 1큰술
· 맛술 2큰술
· 쯔유 1큰술
· 달걀 2개
· 다진 마늘 1큰술
· 소금 약간
· 후춧가루 약간

소요 시간
· 전체 소요 시간 15분
(재료 5분 + 끓이는 시간 10분)

tip 다 익은 차돌박이는 토치로 겉면을 30
초 정도 그을려 불 맛을 내면 솥밥에 고
급스러운 풍미가 생겨요. 영양부추는 먹
기 직전에 썰어야 향이 더 좋은데, 솥의 반
을 가릴 정도로 듬뿍 올려주세요.
화이트 와인 혹은 레드 와인, 사케와도
잘 어울려 홈파티 메뉴로 추천합니다.

스테이크쪽파솥밥과
달래된장찌개

집 안 가득 고소한 스테이크 냄새가 풍기면 그때부터 저녁 준비가 시작됩니다. 마블링이 꾸욱 들어차 있는 부드러운 안심, 적당히 씹히는 맛과 기름기가 느껴지는 채끝. 어떤 부위든 스테이크는 정답이에요. 주물 혹은 스테인리스 스틸 팬에 기름을 콸콸 붓고, 팬에서 연기가 피어날 때까지 달군 후 고기를 구워주세요. 강한 불에서 겉면을 튀기거나 지진다는 느낌으로 구우면 돼요.

겉은 바삭하게, 속은 촉촉하게 구운 스테이크를 갓 지은 고슬고슬한 솥밥 위에 얹으면 다른 말이 필요 없겠죠? 집에서 고급스럽고 근사한 솥밥이 먹고 싶은 날에 추천하는 메뉴랍니다.

매일 밥상에 올리는 찌개에 향긋한 달래를 더해주는 것만으로도 입맛 살리는 한 그릇을 만들 수 있어요. 된장의 구수함과 달래의 흙 내음으로 부엌을 가득 채워보세요. 달래는 상큼하게 무침으로 먹어도, 바삭하게 전으로 먹어도 좋아요.

따뜻한
스테이크쪽파솥밥

재료

· 쌀 300㎖
· 육수 300㎖
· 소고기 안심(스테이크용) 300g
· 쪽파 ½단
· 쯔유 2큰술
· 무염 버터 2큰술
· 식용유 2큰술
· 올리브유 2큰술
· 달걀노른자 1개분
· 소금 1작은술
· 통후추 약간

소요 시간

· 전체 소요 시간 40분
(재료 10분 + 밥 짓는 시간 30분)

1 쌀은 흐르는 물에 여러 번 씻은 후 체에 밭쳐 물기를 뺀 상태에서 20분간 불려주세요.

2 스테이크용 고기는 소금 1작은술과 통후추로 앞뒤로 간하고 올리브유 2큰술을 골고루 발라 재워둡니다.

3 솥에 불린 쌀과 육수를 붓고 무염 버터 1큰술, 쯔유 1큰술로 간합니다.

4 뚜껑을 연 상태에서 중강불로 5분간 끓이고, 바글바글 끓어오르면 주걱으로 2~3번 살살 젓고 뚜껑을 닫아 제일 약한 불에서 10분간 끓여주세요.

5 불을 끄고 15분간 뜸 들입니다.

6 뜸을 들이는 동안 팬에 식용유 2큰술을 둘러 강한 불에서 달군 후 스테이크를 올려 구워주세요.

7 먼저 한쪽 면을 2분, 옆면을 10초씩, 그리고 반대쪽 면을 1분 30초간 굽고, 무염 버터 1큰술을 추가해 스테이크 위에 끼얹으며 30초 더 구워요.

8 구운 스테이크를 종이 포일에 싸서 5분간 둔 후(레스팅), 먹기 좋은 크기로 깍둑썰기 해주세요.

9 쪽파는 최대한 얇게 총총 썰어 준비합니다.

10 밥이 다 되면 뚜껑을 열어 밥 위에 쪽파를 먼저 듬뿍 깔고, 스테이크의 빨간 단면이 보이도록 올립니다.

11 쯔유 1큰술로 간하고 마지막에 달걀노른자를 가운데 올려 냅니다.

쯔유 대신 '오리엔탈 트러플 드레싱'을 사용하면 맛이 훨씬 풍부해져요. 혹은 취향에 따라 '트러플 오일'을 1큰술 추가해 풍미를 더해보세요.

보글보글
달래된장찌개

1 애호박은 반달썰기 하고, 양파는 채 썰고, 대파와 청양고추는 어슷 썰기 해주세요.

2 달래는 흙을 털어내고 물로 씻어 깨끗하게 손질해 먹기 좋게 4등분하세요.
달래의 뿌리 부분을 칼등으로 살짝 으깨면 향이 극대화돼요.

3 냄비에 육수를 붓고 강한 불로 끓이다, 끓어오르면 된장 1큰술을 풀어줍니다.

4 썰어둔 애호박과 양파를 냄비에 넣어요.

5 다진 마늘 1큰술, 국간장 1큰술, 참치액 1큰술, 고춧가루 1큰술을 넣고 강한 불에서 끓입니다.

6 채소의 숨이 죽으면 달래와 대파, 청양고추를 넣고 중간 불에서 1분 더 끓입니다.

7 모자란 간은 소금으로 맞춰 냅니다.

재료

· 달래 ½봉지
· 육수 400㎖
· 애호박 ¼개
· 양파 ½개
· 대파 ½대
· 청양고추 1개
· 된장 1큰술
· 다진 마늘 1큰술
· 국간장 1큰술
· 참치액 1큰술
· 고춧가루 1큰술
· 소금 약간

소요 시간

· 전체 소요 시간 20분
(재료 5분 + 끓이는 시간 15분)

양배추새우솥밥과
명란달걀탕

쪄 먹어도 맛있고 볶아 먹어도 맛있는 양배추로 솥밥을 만들어보세요. 아삭한 양배추에 마늘 향과 새우의 감칠맛까지 더하면 자꾸만 손이 가는 한 그릇이 완성된답니다.

단단한 잎으로 겹겹이 싸인 양배추는 제가 무척 좋아하는 식재료 중 하나예요. 솥밥이 아니더라도 생양배추를 채 썰어 아삭아삭한 샐러드를 만들거나 강한 불에 휘리릭 볶아내기도 합니다. 볶은 양배추의 은은한 단맛은 질리도록 실컷 먹어도 또 생각나더라고요. 가끔씩 어릴 적 아침마다 엄마가 만들어주시던 양배추볶음 맛이 그리울 때가 있어요. 식용유와 고춧가루로 고추기름을 내고 양배추를 볶다 국간장과 소금으로 간을 해 참기름을 두른 한 접시. 양배추는 식이 섬유가 많아 변비에 좋고, 위염과 위궤양 완화에 효과가 있어요. 그래서 위장약 대신 양배추를 먹거나 즙을 내 마시는 경우도 많죠.

감칠맛이 가득하고 개운한 명란찌개는 담백하고 시원한 맛이 일품인데, 특히 알알이 톡톡 터지는 명란의 식감이 환상적이에요. 자극적이지 않고 슴슴해서 계속 생각나는 국물 요리랍니다. 명란은 우선 껍질이 깨끗해 보이고 윤기가 많이 나는 게 신선해요. 자체로 염도가 높은 편이니 되도록 저염 명란으로 요리해보세요.

따뜻한
양배추새우솥밥

재료

· 쌀 300㎖
· 육수 280㎖
· 양배추 ¼통
· 냉동 손질 새우(중) 10마리
· 마늘 5알
· 식용유 2큰술
· 굴소스 1큰술
· 쯔유 2큰술
· 맛술 1큰술
· 무염 버터 1큰술

소요 시간

· 전체 소요 시간 40분
(재료 10분 + 밥 짓는 시간 30분)

1. 쌀은 흐르는 물에 여러 번 씻은 후 체에 밭쳐 물기를 뺀 상태에서 20분간 불립니다.

2. 양배추는 먹기 좋게 채 썰고, 마늘은 편으로 썰어 준비합니다.

3. 새우는 찬물에 씻어 물기를 빼고 쯔유 1큰술, 맛술 1큰술로 간을 해둬요.

4. 프라이팬에 식용유 2큰술을 두르고 마늘을 넣어 중간 불에서 마늘기름을 냅니다. 마늘이 노릇해지면 새우를 넣어 앞뒤로 빨간색이 나게만 구운 후 새우와 마늘을 키친타월에 올려 주세요.

5. 새우를 구웠던 팬에 그대로 채 썬 양배추를 넣고 중간 불에서 1분만 볶아요. 이때 굴소스 1큰술로 간을 합니다.
   굴소스는 많이 넣으면 짤 수 있으니 조심하세요.

6. 솥에 불린 쌀과 육수를 붓고 쯔유 1큰술로 간한 다음 뚜껑을 연 상태에서 중강불로 5분간 끓이세요.

7. 바글바글 끓어오르면 주걱으로 2~3번 살살 젓고, 볶은 양배추와 구워놓은 마늘, 새우를 올린 후 뚜껑을 닫아 제일 약한 불에서 10분간 끓이세요.
   취향에 따라 새우를 많이 익히는 게 싫다면 밥을 뜸 들일 때 새우를 올려주세요.

8. 불을 끄고 15분간 뜸을 들여요.

9. 밥이 다 되면 뚜껑을 열고 무염 버터 1큰술을 올린 후, 재료를 골고루 섞어 냅니다.

보글보글
명란달걀탕

1	명란젓은 반으로 갈라 숟가락으로 알만 분리해 준비합니다.
2	대파는 어슷하게 썰고, 버섯은 밑동을 잘라 먹기 좋게 찢고, 달걀은 곱게 풀어주세요.
3	냄비에 육수를 붓고 강한 불에서 끓입니다.
4	육수가 끓어오르면 버섯과 명란을 넣고, 다진 마늘 1작은술과 쯔유 1큰술로 간합니다.
5	다시 육수가 끓어오르면 중간 불로 줄이고 달걀물을 동그랗게 돌리며 풀어주세요. 1분 더 끓이면서 떠오르는 거품을 걷어내세요.
6	어슷 썬 대파를 넣고 1분 더 끓인 후 모자란 간은 소금으로 맞춰주세요. **불은 계속 강한 불로 끓여주세요.**
7	먹기 직전에 취향껏 후춧가루를 톡톡 뿌려 냅니다.

재료
· 명란젓 2줄
· 육수 500㎖
· 달걀 2개
· 느타리버섯 200g
· 대파 ½대
· 다진 마늘 1작은술
· 쯔유 1큰술
· 소금 약간
· 후춧가루 약간

소요 시간
· 전체 소요 시간 15분
(재료 5분 + 끓이는 시간 10분)

참치양파술밥과
모시조개탕

가끔은 집에 있는 재료로 간단하게 솥밥을 만들고 싶을 때가 있어요. 그럴 때 참치 캔과 양파가 있다면 따끈하고 맛있는 참치솥밥을 지을 수 있답니다. 참치김밥, 참치볶음밥과는 또 다른 매력을 지니고 있어요.

솥밥에 넣는 양파는 성질이 따뜻하고 해독 작용을 하는 건강 채소로, 혈압을 안정시키면서 피를 맑게 해 동맥경화와 고혈압 완화에 좋다고 해요. 알이 굵고 껍질이 잘 벗겨지며 고유의 매운 맛과 향이 강한 걸 고르면 됩니다. 손으로 눌렀을 때 물렁거린다면 썩은 것이니 피하고, 뿌리와 싹이 난 것은 수분이 적어 맛이 떨어지니 고르지 마세요. 냉장 보관보다는 망에 담아 통풍이 잘되는 서늘한 곳에 걸어두는 걸 추천해요.

피로와 숙취 해소에 좋은 모시조개탕은 날이 쌀쌀해지면 꼭 생각나는 국물 요리예요. 조개류는 지나치게 오래 끓이면 살이 질겨지니 적당히 끓이는 게 중요하답니다. 모시조개 대신 구하기 쉬운 바지락 혹은 동죽조개도 짭조름한 바다의 감칠맛이 살아 있어요. 적당히 익어 벌어진 껍데기 사이로 탱글한 조갯살을 하나씩 빼 먹는 것도 즐겁게 느껴질 거예요.

따뜻한
참치양파솥밥

재료

- 쌀 300㎖
- 육수 290㎖
- 참치 캔 1개
- 양파 1개
- 대파 1대
- 쯔유 2큰술
- 참치액 ½큰술
- 참기름 2큰술
- 통깨 1큰술

소요 시간

- 전체 소요 시간 40분
  (재료 10분 + 밥 짓는 시간 30분)

1. 쌀은 흐르는 물에 여러 번 씻은 후 체에 받쳐 물기를 뺀 상태에서 20분간 불립니다.

2. 양파는 얇게 채 썰고 대파는 총총 썰어 준비합니다.

3. 참치 캔을 따서 참치의 기름을 꼭 짜고 유리 볼에 담습니다.

4. 쯔유 1큰술, 참기름 1큰술, 통깨 1큰술로 참치에 간을 하고 조물조물 무쳐주세요.

5. 솥에 불린 쌀과 육수를 붓고 쯔유 1큰술, 참치액 ½큰술로 간합니다.
   양파에서 나오는 채수를 생각해 물을 평소보다 덜 잡아야 고슬고슬한 솥밥이 됩니다. 양파 대신 식감이 쫄깃한 느타리버섯을 넣어도 좋아요. 마찬가지로 물을 덜 잡아주세요.

6. 뚜껑을 연 상태에서 중강불로 5분간 끓이세요.

7. 바글바글 끓어오르면 주걱으로 2~3번 살살 젓고, 채 썬 양파를 넓게 펴서 쌀 위에 올린 후 양념한 참치를 가운데 봉긋하게 올려주세요.

8. 뚜껑을 닫아 제일 약한 불에서 10분간 끓여주세요.

9. 불을 끄고 15분간 뜸 들입니다.

10. 밥이 다 되면 뚜껑을 열어 대파를 가득 올리고 참기름 1큰술을 두릅니다.

11. 모든 재료를 잘 섞어 그릇에 냅니다.

보글보글
모시조개탕

1	홍고추와 청양고추는 어슷하게 썰어둡니다.
2	모시조개는 소금물에 담가 어두운 곳에 두고 1시간 이상 해감을 빼주세요.
3	해감을 뺀 모시조개를 흐르는 물에 깨끗이 헹궈 준비합니다.
4	냄비에 육수를 붓고 모시조개를 넣어요.
5	뚜껑을 열고 강한 불에서 끓여주세요.
6	모시조개가 입을 벌리면 참치액 1큰술로 간을 하고 모자란 간은 소금으로 맞춰요.
7	마지막으로 홍고추와 청양고추를 넣고 한소끔 끓인후 냅니다.

재료

· 모시조개 400g

· 육수 600㎖

· 홍고추 1개

· 청양고추 ½개

· 참치액 1큰술

· 소금 약간

소요 시간

· 전체 소요 시간 30분

(재료 20분 + 끓이는 시간 10분)

보관 방법 및 기간

· 냉장 1일

tip 모시조개 해감 빼는 법

1. 흐르는 물에 3~4번 씻어주세요.
2. 볼에 모시조개를 담고 물을 가득 채운 후 굵은소금 2큰술을 넣어요.
3. 검은 봉지 혹은 은박지를 씌워 빛이 전혀 들어가지 않도록 하고 냉장고에 넣어요. 이때 쇠숟가락을
   함께 물속에 넣어주면 해감이 더 잘 빠집니다.
4. 해감을 뺀 모시조개를 깨끗한 물에 여러 번 헹군 후 사용합니다.

삼치꽈리고추솥밥과
알배춧국

삼치는 고등어보다 수분이 많아 살이 부드럽고 맛이 담백해서 밥반찬으로 아주 좋아요. 고등어, 꽁치와 함께 대표적인 등 푸른 생선이지만 비린내가 훨씬 덜하고 잔가시가 적어 발라 먹기도 수월하답니다. 두툼하게 살이 오른 고소한 삼치를 개운하고 매콤한 꽈리고추와 함께 요리해보세요. 10월부터 2월까지가 제철이며 몸에 광택이 있고 통통하게 살이 오른 것을 골라야 합니다. 삼치회, 삼치조림, 삼치구이로도 많이 만들어 먹습니다. 저역시 무, 감자, 대파를 넣고 고춧가루 양념으로 칼칼하게 조린 삼치조림으로 밥반찬을 만들어 먹곤 해요. 등 푸른 생선답게 DHA를 다량 함유해 뇌세포 활성과 기억력 및 집중력 향상에 도움이 된답니다.

구수한 알배춧국은 알배추만 있으면 누구나 쉽고 빠르게 끓일 수 있어요. 배추 본연의 시원하고 달큰한 맛이 멸치 육수와 참 잘 어울린답니다. 여린 잎은 익히지 않고 그대로 쌈을 싸 먹고, 겉을 감싸는 두툼한 잎으로 국을 끓여요.

따뜻한
삼치꽈리고추솥밥

재료

· 쌀 300㎖

· 육수 300㎖

· 순살 삼치 200g

· 꽈리고추 100g

· 식용유 2큰술

· 쯔유 2큰술

· 맛술 4큰술

· 간장 2큰술

· 통깨 1큰술

· 소금 ½작은술

소요 시간

· 전체 소요 시간 40분

(재료 10분 + 밥 짓는 시간 30분)

tip 삼치는 맛술에 오래 재울수록 좋으니 아침에 손질해 랩으로 감싸 냉장고에서 숙성시켜 저녁에 만들어보세요.

1 쌀은 흐르는 물에 여러 번 씻고, 체에 밭쳐 물기를 뺀 상태에서 20분간 불립니다.

2 꽈리고추는 가위로 꼭지의 더러운 끝부분만 잘라 준비하세요.
아이와 함께 먹는다면 꽈리고추 대신 피망 혹은 파프리카를 추천해요.

3 삼치는 흐르는 물에 가볍게 씻고 키친타월로 물기를 닦아요. 삼치에 남아 있는 잔뼈도 깨끗이 제거하세요.

4 삼치 껍질에 세로로 촘촘히 칼집을 내고 양면에 소금 ½작은술, 맛술 2큰술로 간한 다음 1시간 이상 재웁니다.

5 유리 볼에 간장 2큰술, 맛술 2큰술로 양념을 만들어요.

6 ⑤의 절반을 칼집 낸 삼치에 골고루 바른 후 팬에 식용유 2큰술을 두르고 강한 불에서 삼치의 양면을 노릇하게 굽고 키친타월에 올려주세요.

7 삼치를 구운 팬에 그대로 중간 불에서 꽈리고추를 볶다가 갈색이 돌기 시작하면 ⑤의 남은 양념을 부어 볶아주세요.

8 솥에 불린 쌀과 육수를 붓고 쯔유 2큰술로 쌀에 간을 합니다.

9 뚜껑을 연 상태에서 중강불로 5분간 끓여요.

10 바글바글 끓어오르면 주걱으로 2~3번 살살 젓고, 꽈리고추와 구운 삼치를 올려 뚜껑을 닫고 제일 약한 불에서 10분 더 끓입니다.

11 불을 끄고 15분간 뜸을 들입니다.

12 밥이 다 되면 뚜껑을 열어 가위로 꽈리고추를 2등분하고, 통깨 1큰술을 뿌리고 재료를 골고루 섞어 그릇에 냅니다.

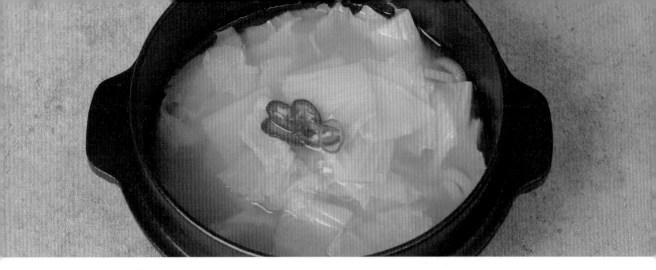

보글보글
알배춧국

1   알배추는 잎을 1장씩 떼어 깨끗이 씻은 후 먹기 좋게 썰어 준비합니다.

2   대파는 총총 썰고, 청양고추와 홍고추는 어슷하게 썰어요.

3   냄비에 육수를 붓고 강한 불에서 끓여요.

4   보글보글 끓으면 참치액 1큰술, 다진 마늘 ½큰술, 미소된장 2큰술을 잘 풀어주세요.

5   다시 끓어오르면 썰어놓은 알배추를 넣고 중간 불에서 5분 더 끓이다가 대파, 청양고추, 홍
       고추를 넣고 한소끔 끓입니다.

6   모자란 간은 소금으로 맞춰 냅니다.

재료

· 육수 800㎖
· 알배추 ½통
· 대파 ½대
· 청양고추 ½개
· 홍고추 ½개
· 참치액 1큰술
· 다진 마늘 ½큰술
· 미소된장 2큰술
· 소금 약간

소요 시간

· 전체 소요 시간 15분
(재료 5분 + 끓이는 시간 10분)

전복달걀솥밥과

전복미역국

오늘따라 유독 기운이 없다면 고단백에 비타민과 미네랄까지 풍부한 전복으로 몸보신해보는 건 어때요? 진하고 고소한 전복 내장 육수와 부드러운 달걀 지단의 조화가 환상적이에요. 솥밥 자체에 간이 알맞게 되어 있어 양념장이 필요 없답니다.

제주도가 고향이라 그런지, 어릴 때부터 전복밥, 전복죽, 전복미역국 같은 전복 요리에 익숙했어요. 그래서 전복을 고를 때는 신선함을 최우선으로 생각하는데, 바다에서 갓 건져 올린 살아 있는 전복을 냉장 상태로 받아 집에서 재빨리 손질합니다. 전복 내장을 갈아 만든 육수로 구수한 전복밥을 지어 먹거나, 간단하게 버터구이로 만들어 먹죠. 저지방 고단백 식품으로 각종 비타민과 미네랄을 균형 있게 함유해 피로 해소와 자양 강장에 좋다고 알려져 있답니다.

싱싱한 활전복이 남았다면 보글보글 전복미역국을 끓여보세요. 전복은 바다에서 미역을 먹고 살기에 미역과 궁합이 잘 맞아요. 전복 내장을 넣고 끓이면 국물이 더 깊고 진해진답니다. 전복은 오래 끓여도 별로 질겨지지 않으니 푹 끓여 진국이 우러나오게 하세요.

따뜻한
전복달걀솥밥

재료

· 쌀 300㎖

· 육수 300㎖

· 활전복 6~7마리

※ 전복 손질법 P.96 참고

· 달걀 3개

· 쪽파 ⅓단

· 참기름 3큰술

· 쯔유 3큰술

· 맛술 1큰술

· 무염 버터 1큰술

· 통깨 1큰술

소요 시간

· 전체 소요 시간 40분

(재료 10분 + 밥 짓는 시간 30분)

1 쌀은 흐르는 물에 여러 번 씻은 후 체에 받쳐 물기를 뺀 상태에서 20분간 불립니다.

2 쪽파는 얇게 총총 썰어 준비합니다.

3 유리 볼에 달걀 3개를 풀어 잘 섞은 후 지단을 얇게 부칩니다. 식으면 채 썰어놓으세요. **지단은 최대한 얇게 썰어야 더 맛있어요.**

4 전복은 손질해서 살과 내장을 분리합니다. 이때 전복의 이빨도 꼭 제거해주세요.

5 전복살은 먹기 좋게 채 썰어 절반만 쯔유 1큰술, 참기름 1큰술, 통깨 ½큰술로 간을 해요.

6 전복 내장은 가위로 잘게 잘라 참기름을 1큰술 두른 팬에 넣고 중간 불에서 볶아주세요.

7 육수와 ⑥을 믹서에 넣어 곱게 갈고 지저분한 거품은 걷어냅니다.

8 솥에 참기름 1큰술을 두르고 양념을 하지 않은 전복살을 넣고 중간 불에 볶아요.

9 전복이 반쯤 익은 듯싶으면 불린 쌀을 추가하고 쯔유 2큰술, 맛술 1큰술로 쌀에 간합니다.

10 양념이 골고루 섞이도록 3~4번 저어주고, 만들어놓은 내장 육수를 부으세요.

11 ⑩에 무염 버터 1큰술을 넣고 중강불로 5분간 끓입니다.

12 육수가 바글바글 끓어오르면 양념해놓은 전복 살을 쌀 위에 올리고, 뚜껑을 닫고 제일 약한 불에서 10분 더 끓입니다. **오독오독 씹히는 생전복을 좋아한다면 불을 끄고 뜸을 들일 때 전복을 올려주세요.**

13 불을 끄고 15분간 뜸을 들입니다.

14 밥이 다 되면 달걀 지단을 전복살 중간중간에 소복이 얹고, 쪽파와 통깨 ½큰술을 골고루 뿌려 냅니다.

보글보글
전복미역국

1	미역은 찬물에 불려 준비합니다.
2	활전복을 깨끗이 손질해 살과 내장을 분리합니다.
3	전복살은 두툼하게 썰어둡니다.
4	전복 내장은 가위로 잘게 자르고 팬에 참기름 1큰술을 둘러 중간 불에 볶아주세요.
5	육수와 ④를 믹서에 넣어 곱게 갈고, 지저분한 거품은 걷어내세요.
6	냄비에 참기름 1큰술을 두르고 미역을 넣은 후 참치액 1큰술, 국간장 1큰술로 간을 합니다.
7	⑥을 중간 불에서 5분 정도 달달 볶아요.
8	⑦에 ⑤를 넣어 강한 불에서 끓입니다.
9	포르르 끓어오르면 썰어둔 전복살을 넣고 다시 강한 불에서 한소끔 끓여 냅니다.

재료

· 활전복 3마리

※ 전복 손질법 P.96 참고

· 육수 600㎖

· 자른 건미역 1줌

· 참치액 1큰술

· 국간장 1큰술

· 참기름 2큰술

소요 시간

· 전체 소요 시간 25분

(재료 10분 + 끓이는 시간 15분)

전복 손질법

① 부드러운 솔을 사용해 미끌거리는 이물질과 가장자리의 까만 부분까지 껍질과 살을 꼼
   꼼하게 닦아요.

② 흐르는 물에 전복을 깨끗이 씻습니다.

③ 숟가락으로 껍데기에서 살을 발라내고 내장도 분리해요. 이때 숟가락을 짧게 잡고 밀어
   내는 느낌으로 때어내면 됩니다.

④ 뾰족한 부분에 있는 전복의 하얀 이빨과 빨간 촉수도 잘라 제거합니다.

Part. 02

얼큰한
솥밥 밥상

우삼겹죽순솥밥과
매콤느타리버섯국

아삭아삭한 죽순과 기름기 있는 우삼겹이 찰떡궁합을 이루어 맛과 영양까지 듬뿍 담은 솥밥이에요. 솥에서 김이 솔솔 새어 나오는 순간, 고소한 향기가 부엌에 가득 차 오늘 메뉴에 대한 기대감을 높인답니다.

죽순은 땅의 기운을 듬뿍 받고 자란 대나무의 여린 새순이에요. 4~5월쯤 대나무밭을 지나다 보면 땅속에서 뾰족하게 올라오는 죽순을 흔히 볼 수 있답니다. 요리에 넣으면 부드럽고 아삭한 식감과 고소하고 담백한 맛이 조화를 이루어 고급스러운 요리가 돼요. 빗살 모양으로 예쁘게 썰어야 훨씬 보기 좋답니다. 떫고 아린 맛이 강해 손질하기 힘든 생죽순 대신 간편하게 바로 요리할 수 있는 삶은 죽순을 구입하세요. 식품첨가물을 전혀 사용하지 않은 제품으로요.

냉장고에 느타리버섯이 있다면 국을 끓여보세요. 간단한 조리만으로도 버섯의 향긋함과 쫄깃하게 씹히는 맛을 즐길 수 있을 거예요. 느타리버섯이 콜레스테롤의 흡수를 방해해 비만까지 예방해준다고 하니, 먹어야 할 이유가 또 하나 생겼죠? 실내 어디에서나 간편하게 키울 수 있는 버섯 키트를 구입해 직접 재배해봐도 좋고요. 물만 주면 무럭무럭 잘 자란답니다.

따뜻한
우삼겹죽순솥밥

재료

· 쌀 300㎖

· 육수 300㎖

· 냉동 우삼겹 400g

· 삶은 죽순 200g

· 깻잎 7장

· 쯔유 2큰술

· 참기름 1큰술

· 소금 약간

· 통깨 1큰술

우삼겹 양념

· 쯔유 1큰술

· 간장 1큰술

· 맛술 1큰술

· 매실액 ½큰술

· 소금 약간

· 통후추 약간

소요 시간

· 전체 소요 시간 40분

(재료 10분 + 밥 짓는 시간 30분)

1 쌀은 흐르는 물에 여러 번 씻은 후 체에 밭쳐 물기를 뺀 상태에서 20분간 불립니다.

2 깨끗하게 손질된 삶은 죽순을 끓는 물에 2~3분간 데쳐 얼음물로 씻어 준비하세요.

3 물기를 제거한 죽순은 한 입 크기로 자르고 쯔유 1큰술, 참기름 1큰술, 소금 약간으로 밑간합니다.

4 냉동 우삼겹은 쯔유 1큰술, 간장 1큰술, 맛술 1큰술, 매실액 ½큰술, 소금 약간을 넣고 통후추를 갈아 넣은 후 부스러지지 않게 살살 섞어주세요.

5 솥에 불린 쌀과 육수를 붓고 쯔유 1큰술로 쌀에 간을 한 후 양념한 죽순을 올립니다.

6 뚜껑을 열고 중강불에서 5분간 끓입니다.

7 바글바글 끓어오르면 주걱으로 2~3번 살살 젓고 뚜껑을 닫아 제일 약한 불에서 10분간 끓여주세요.

8 솥을 불에서 내려 15분간 뜸을 들입니다.

9 뜸을 들이는 동안 토핑으로 얹을 깻잎을 얇게 채 썰어놓습니다.

10 기름을 두르지 않은 팬에 양념해둔 우삼겹을 바삭하게 구운 다음, 키친타월에 올려 기름을 빼세요.

11 밥이 다 되면 뚜껑을 열어 밥 위에 우삼겹을 듬뿍 올립니다.

먹기 전에 다 익은 우삼겹의 겉면을 토치로 30초 정도 그을려 불 맛을 추가하면 솥밥에 고급스러운 풍미가 생깁니다.

12 채 썬 깻잎을 소복이 쌓고 통깨 1큰술을 뿌려 완성하세요. 부족한 간은 쯔유로 맞춰줍니다.

보글보글
매콤느타리버섯국

1   느타리버섯은 밑동을 잘라 먹기 좋게 찢어놓습니다.

2   숙주는 깨끗이 손질하고, 대파는 총총 썰어 준비합니다.

3   냄비에 식용유 2큰술, 고춧가루 2큰술, 다진 마늘 1큰술을 넣고 약한 불에서 볶습니다.
     고춧가루가 타지 않게 조심하세요. 방앗간표 고추기름을 활용하면 더 간편해요.

4   고추기름이 나오기 시작하면 느타리버섯을 넣어 양념이 잘 묻도록 중간 불에서 볶다가 국
     간장 1큰술을 넣고 다시 한번 볶습니다.

5   육수를 붓고 참치액 1큰술로 간한 후 강한 불에서 끓이세요.

6   보글보글 끓어오르면 중간 불로 줄여 5분 더 끓이다가 숙주, 대파를 넣고 5분 더 끓입니다.

7   모자란 간은 소금으로 맞추고, 마지막에 후춧가루를 톡톡 뿌려 냅니다.

재료

· 느타리버섯 1팩
· 육수 500㎖
· 대파 ½대
· 숙주 1줌
· 식용유 2큰술
· 고춧가루 2큰술
· 국간장 1큰술
· 참치액 1큰술
· 다진 마늘 1큰술
· 소금 약간
· 후춧가루 약간

소요 시간

· 전체 소요 시간 15분
(재료 5분 + 끓이는 시간 10분)

뿌리채소유부솥밥과
돼지고기고추장찌개

건강한 밥 한 끼가 생각날 때, 땅과 흙의 영양을 그대로 담은 뿌리채소로 솥밥을 지어보세요. 연근, 당근, 우엉은 모두 뿌리채소 하면 생각나는 대표적인 식재료랍니다. 고소한 솥밥 한 그릇으로 연근, 우엉, 당근을 골고루 먹을 수 있어, 반찬 없이도 충분히 영양을 든든하게 채울 수 있어요. 맛이 심심하다고 느껴지면 향긋한 달래 양념장 혹은 바질 페스토를 곁들여드세요.

뿌리채소는 신문지에 하나씩 감싸 서늘한 곳에 보관해야 해요. 연근과 우엉은 쉽게 갈변되기 때문에 식초 3~4 방울 떨어뜨린 물에 껍질을 벗겨 바로 담그는 게 좋아요. 또 뿌리채소는 대부분 꽤 단단해서 칼질을 할 때 조심해야 해요. 요리하다 남은 뿌리채소를 한데 모아 고슬고슬 솥밥을 짓거나 들기름과 간장에 볶아 오독오독 씹히는 반찬을 만드는 건 어때요?

애호박과 돼지고기를 큼직하게 썰어 넣어 끓인 얼큰한 고추장찌개는 자박한 국물을 밥에 비벼 먹으면 더 맛있습니다. 특히 쌀쌀한 날씨에는 달큰하고 진득한 국물 맛에 몸이 노곤노곤해진답니다. 돼지고기 대신 소고기, 스팸 등을 넣어도 맛있기 때문에 알아두면 유용한 레시피예요.

따뜻한
뿌리채소유부솥밥

재료

· 쌀 300㎖
· 육수 290㎖
· 당근 ⅓개
· 연근 7㎝
· 우엉 15㎝
· 냉동 유부 4장
· 쯔유 2큰술
· 들기름 1큰술
· 소금 ¼작은술

우엉 양념

· 쯔유 1큰술
· 매실액 ½큰술
· 들기름 1큰술

소요 시간

· 전체 소요 시간 40분
(재료 10분 + 밥 짓는 시간 30분)

1 쌀은 흐르는 물에 여러 번 씻은 후 체에 받쳐 물기를 뺀 상태에서 20분간 불립니다.

2 연근은 깨끗이 씻어 껍질을 벗긴 후 1㎝ 두께로 썰어 십자썰기 하고, 당근은 채 썰고, 유부는 끓는 물에 살짝 데친 후 채 썰어요.
연근은 아주 단단해서 칼질이 꽤 힘드니 손이 다치지 않게 조심하세요. 시중에 껍질을 벗긴 뒤 슬라이스해 판매하는 연근을 구입하면 수월하게 요리할 수 있습니다.

3 우엉은 먹기 좋게 어슷 썰고, 아린 맛을 제거하기 위해 찬물에 10분간 담갔다 빼세요.

4 팬에 들기름 1큰술을 두르고 우엉을 넣어 중간 불에서 볶다가 쯔유 1큰술, 매실액 ½큰술로 간합니다.

5 솥에 불린 쌀과 육수를 붓고 쯔유 1큰술, 소금 ¼작은술로 쌀에 간을 합니다.

6 쌀 위에 연근, 당근, 유부, 볶은 우엉을 보기 좋게 올려요.

7 뚜껑을 열고 중강불에서 5분간 끓이세요.

8 바글바글 끓어오르면 주걱으로 2~3번 살살 젓고 뚜껑을 닫아 제일 약한 불에서 10분간 끓여주세요.

9 불을 끄고 15분간 뜸을 들입니다.

10 밥이 다 되면 뚜껑을 열어 들기름 1큰술을 두르고 잘 섞어 냅니다.

tip 심심한 듯한 뿌리채소 솥밥에 향긋한 달래장을 취향껏 추가해요.
달래 양념장 : 달래 1줌, 간장 2큰술, 고춧가루 1/2큰술, 맛술 1큰술, 참기름 1/2큰술, 통깨 1작은술

보글보글
돼지고기고추장찌개

1 애호박과 양파는 한 입 크기로 두툼하게 썰고, 청양고추와 대파는 어슷하게 썰어요.

2 달군 냄비에 참기름 2큰술, 고추장 2큰술을 넣어 약한 불에서 1분간 볶습니다.

3 ②에 돼지고기, 다진 마늘 1큰술, 고춧가루 1큰술을 넣고 중간 불에서 고기 겉면이 노릇해질 때까지 볶습니다.

4 ③에 애호박, 양파를 넣고 중간 불에서 뒤적뒤적 볶다가 채소가 잠길 정도로 육수를 부어 끓여요.

5 육수가 끓어오르면 국간장 1큰술, 참치액 1큰술, 설탕 1큰술로 간을 하고 중간 불에서 뭉근하게 끓입니다.

6 모자란 간은 소금으로 맞추고 청양고추와 대파를 올립니다.

7 마지막으로 후춧가루를 약간 뿌려 냅니다.

재료

· 돼지고기(국거리) 200g
· 육수 500㎖
· 애호박 ½개
· 양파 ½개
· 청양고추 1개
· 대파 ½대
· 다진 마늘 1큰술
· 고추장 2큰술
· 국간장 1큰술
· 참치액 1큰술
· 설탕 1큰술
· 참기름 2큰술
· 고춧가루 1큰술
· 소금 약간
· 후춧가루 약간

소요 시간

· 전체 소요 시간 15분
(재료 5분 + 끓이는 시간 10분)

그냥 구워 먹어도 맛있는 항정살이지만, 매콤하게 양념해 솥밥에 올려보세요. 도톰하고 길쭉하게 썰어놓은 항정살의 쫄깃한 식감을 배로 즐길 수 있어요.

삼겹살이나 목살과 다르게 항정살은 분홍색 육질에 하얀 마블링이 촘촘히 박혀 있어, 입안을 가득 채우는 고소한 육즙에 먹는 내내 행복해져요. 빠르게 구워 간단하게 소금에 찍어 먹거나, 매콤한 고추장 양념을 무쳐 볶아냅니다. 특히 좀 더 저렴하게 구입할 수 있는 스페인산 이베리코 항정살은 특유의 짙은 풍미가 있더라고요.

몽글몽글 부드러운 게살달걀탕도 일품이죠. 게살을 넣으면 더 좋겠지만 구하기 쉬운 크래미를 넣어도 충분히 맛을 낼 수 있어요. 따뜻하고 부드러운 목 넘김에 배 속이 포근해질 거예요. 달걀을 넣고 바로 저어주면 달걀이 잘게 부서지면서 국물이 탁해지니 1분 정도만 그대로 익히세요. 몽글몽글한 식감의 달걀탕을 끓이는 비법입니다.

따뜻한
매콤항정살솥밥

재료

· 쌀 300㎖

· 육수 290㎖

· 항정살 300g

· 느타리버섯 ½팩

· 쪽파 ½단

· 달걀노른자 1개분

· 쯔유 1큰술

· 통깨 1큰술

· 감자 전분 3큰술

· 소금 ½작은술

· 후춧가루 ½작은술

· 맛술 1큰술

· 식용유 1큰술

항정살 양념

· 고추장 1큰술

· 고춧가루 1큰술

· 간장 1큰술

· 매실액 1큰술

· 맛술 1큰술

· 참기름 ½큰술

소요 시간

· 전체 소요 시간 50분

(재료 20분 + 밥 짓는 시간 30분)

1 쌀은 흐르는 물에 여러 번 씻은 후 체에 밭쳐 물기를 뺀 상태에서 20분간 불려주세요.

2 느타리버섯은 먹기 좋게 찢고 쪽파는 얇게 총총 썰어 준비합니다.

3 항정살은 키친타월로 핏기를 제거하고 5㎝ 정도 길이로 썰어 소금 ½작은술, 후춧가루 ½작은술, 맛술 1큰술로 밑간을 합니다.

4 솥에 불린 쌀과 육수를 붓고 쯔유 1큰술로 쌀에 간을 합니다.

5 쌀 위에 느타리버섯을 보기 좋게 올리고, 뚜껑을 연 상태에서 중강불로 5분간 끓입니다.

6 바글바글 끓어오르면 주걱으로 2~3번 살살 젓고, 뚜껑을 닫아 제일 약한 불에서 10분간 끓여주세요.

7 불을 끄고 15분간 뜸 들입니다.

8 ③에 감자 전분 3큰술을 골고루 묻히고, 식용유 1큰술을 두른 팬에 올려 중간 불에서 노릇하게 누워요.

9 항정살이 충분히 노릇하게 익으면 분량의 양념 재료를 ⑧에 붓고 중간 불에서 잘 섞으며 볶아요.

10 밥이 다 되면 뚜껑을 열어 한쪽에는 항정살, 다른 한쪽에는 쪽파를 가득 올리세요.

11 솥밥 가운데에 달걀노른자를 얹고 통깨 1큰술을 뿌려서 냅니다.

매콤한 걸 좋아한다면 마지막에 방앗간표 고추기름을 살짝 둘러도 좋습니다.

보글보글
게살달걀탕

1 팽이버섯은 식감 좋게 2등분하고, 대파는 총총 썰어주세요.

2 크래미는 손으로 길게 찢어놓습니다.
　크래미 대신 맛살도 괜찮아요. 잘 발라낸 붉은 대게살을 넣으면 풍미가 더욱 풍부해집니다.

3 달걀은 포크로 풀면서 알끈을 제거해요.

4 냄비에 육수를 붓고 강한 불에서 끓이세요.

5 육수가 끓어오르면 참치액 ½큰술, 쯔유 1큰술로 간을 합니다.

6 불을 중간 불로 줄이고 달걀을 풀어주세요. 이때 달걀이 몽글몽글 풀려야 맛있으므로 젓
　가락으로 가운데를 자르듯 풀어줍니다.

7 중간 불에서 한소끔 끓어오르면 크래미와 팽이버섯을 넣으세요.

8 다시 끓어오르면 대파를 넣고 새우젓 1작은술로 간을 해 냅니다.

재료
· 육수 700㎖
· 달걀 3개
· 크래미 5조각
· 팽이버섯 ½봉지
· 대파 ½대
· 새우젓 1작은술
· 쯔유 1큰술
· 참치액 ½큰술

소요 시간
· 전체 소요 시간 15분
(재료 5분 + 끓이는 시간 10분)

닭고기데리야키솥밥과
감자고추장찌개

반찬이 없는 날에는 갖가지 재료를 넣은 별미 솥밥이 진리예요. 그중에서도 닭고기솥밥은 영양 만점이랍니다. 닭고기는 안심이나 가슴살보다는 닭다리살을 준비해 주세요. 껍질에서 적당한 기름이 나와 고소할 뿐만 아니라 식감도 훨씬 좋거든요. 무항생제 인증 농가에서 건강하게 키운 닭고기로 구입하는 걸 추천해요.

뼈를 발라낸 부드러운 살코기만으로 요리하는 게 먹기에도 훨씬 수월하겠죠? 가끔 마트에서 '닭정육'이라고 적힌 고기를 본 적이 있을 텐데, 닭정육은 닭다리에서 뼈 없이 발라낸 다리살을 말한답니다. 쫄깃하고 부드러워서 구이나 볶음 요리에 잘 어울리더라고요.

맛있고 간단한 찌개를 만들고 싶을 때는 포실포실한 감자로 찌개를 끓여보세요. 먹으면 먹을수록, 데우면 데울수록 국물이 진해지고 맛이 깊어지기 때문에 처음보다는 두 번째, 두 번째보다는 세 번째가 더 맛있게 느껴진답니다. 된장 혹은 고추장을 풀어 푹 끓이면 녹진한 국물 맛이 일품이에요.

따뜻한
닭고기데리야키솥밥

재료
· 쌀 300㎖
· 육수 290㎖
· 우유 250㎖
· 닭정육(닭다리살) 300g
· 양송이버섯 6개
· 미나리 ½단
· 들깨가루 2큰술
· 쯔유 1큰술
· 감자 전분 4큰술
· 무염 버터 1작은술
· 맛술 2큰술
· 소금 · 통후추 약간
· 식용유 2큰술

닭고기 양념
· 간장 3큰술
· 설탕 2큰술
· 맛술 2큰술
· 생강가루 ½큰술

소요 시간
· 전체 소요 시간 40분
(재료 10분 + 밥 짓는 시간 30분)

1 쌀은 흐르는 물에 여러 번 씻은 후 체에 받쳐 물기를 뺀 상태에서 20분간 불립니다.

2 미나리는 3㎝ 길이로 썰고, 양송이버섯은 도톰하게 6등분해주세요.
미나리를 싫어한다면 쪽파로 대체하세요.

3 닭정육은 잡내 제거와 연육 작용을 위해 우유에 20분간 담가두었다가 흐르는 물에 깨끗이 헹군 후 물기를 제거하고 먹기 좋은 크기로 썰어요. 맛술 2큰술과 소금을 넣고, 통후추를 갈아 넣어 간을 한 뒤 10분간 둡니다. **닭 껍질은 미끄러우니 칼질할 때 조심하세요.**

4 ③ 앞뒤로 감자 전분을 골고루 묻혀주세요.
비닐봉지에 넣고 흔들어주면 골고루 묻힐 수 있습니다.

5 달군 프라이팬에 식용유를 2큰술 두른 후 강한 불에서 ④를 구워요. 닭 껍질이 바삭하게 구워지면 중간 불로 줄입니다.

6 닭고기가 앞뒤로 노릇해졌을 때 분량의 닭고기 양념을 붓고 소스가 골고루 묻도록 뒤적거리면서 졸아들 때까지 중간 불에서 익혀주세요. 그런 다음 키친타월 위에 올려 잠시 식힙니다.

7 솥에 불린 쌀과 육수를 붓고 쯔유 1큰술, 무염 버터 1작은술로 간합니다.

8 쌀 위에 양송이버섯을 보기 좋게 올리고 뚜껑을 연 상태에서 중강불로 5분간 끓입니다.

9 바글바글 끓어오르면 구워둔 닭고기를 한쪽에 소복이 올리고 뚜껑을 닫아 제일 약한 불에서 10분간 끓여요.

10 불을 끄고 15분간 뜸을 들여요.

11 밥이 다 되면 뚜껑을 열어 닭고기 반대편에 미나리를 가득 올리고, 들깨가루 2큰술을 뿌려냅니다.

보글보글
감자고추장찌개

1 감자는 껍질을 벗기고 먹기 좋은 크기로 썰어주세요.

2 대파와 청양고추는 어슷 썰고 양파는 채 썰어 준비합니다.

3 돼지고기 국거리는 고추장 1큰술, 맛술 1큰술, 참치액 1큰술로 간을 합니다.

4 냄비에 참기름 1큰술, 식용유 1큰술을 두르고 ③을 넣어 약한 불에서 타지 않게 볶습니다.

5 고기가 골고루 익으면 육수를 붓고 강한 불에서 끓여주세요.

6 보글보글 끓어오르면 감자, 국간장 2큰술, 고춧가루 1큰술, 다진 마늘 1큰술을 넣고 중간
   불에서 10분 더 끓입니다.

7 다시 끓어오르면 양파, 고추, 대파를 넣고 5분간 더 끓입니다.
   포실포실한 감자찌개는 오래 끓일수록 깊은 맛이 납니다.

8 모자란 간은 소금으로 맞춰 냅니다.

재료
· 육수 600㎖
· 감자 3~4개
· 양파 ½개
· 돼지고기(국거리) 150g
· 청양고추 2개
· 대파 ½대
· 다진 마늘 1큰술
· 참기름 1큰술
· 식용유 1큰술
· 고추장 1큰술
· 맛술 1큰술
· 고춧가루 1큰술
· 국간장 2큰술
· 참치액 1큰술
· 소금 약간

소요 시간
· 전체 소요 시간 20분
(재료 5분 + 끓이는 시간 15분)

갈빗살대파솥밥과

전복뚝배기

뿌리, 잎, 줄기 등 하나도 버릴 것이 없는 대파. 대파를 달달 볶으면 달콤한 감칠맛이 올라오는 거 알고 계시죠? 보통 요리를 할 땐 대파의 하얗고 단단한 부분을 주로 사용해요. 진액이 나오는 초록 이파리 부분은 돼지고기 수육을 삶을 때 고기 위에 수북이 올리면 잡내 없이 맛있는 수육을 만들 수 있답니다. 그리고 뿌리는 흙을 깨끗이 씻어 채수를 우리는 데 활용할 수 있어요. 참고로 뿌리만 있으면 대파를 쉽게 키울 수 있으니 집에서 한번 도전해보세요. 흙에 심기 귀찮다면 물에 담아 키우는 수경 재배를 해도 돼요.

대파와 육즙이 촉촉한 갈빗살로 푸짐한 솥밥을 완성해보세요. 고기는 처음부터 넣으면 질겨지니 밥이 다 될 때쯤 구워, 뜸을 들일 때 올리는 게 좋아요.

계절이 바뀔 때 먹을 만한 보양식으로 전복을 빼놓을 수 없죠? 살아 있는 활전복을 솔로 깨끗이 문질러 손질해 통째로 뚝배기에 넣어보세요. 구수한 된장 국물과 시원한 바다 향이 어우러져 기운을 돋워준답니다. 새우, 조개 등 갖은 해물과 함께 끓이면 맛이 더 풍부해질 거예요.

따뜻한
갈빗살대파솥밥

재료

- 쌀 300㎖
- 육수 300㎖
- 소고기 갈빗살 250g
- 대파 4대(흰 부분만)
- 들기름 2큰술
- 쯔유 1큰술
- 통깨 1큰술
- 달걀노른자 1개분

갈빗살 양념

- 쯔유 1큰술
- 참치액 ½큰술
- 맛술 ½큰술
- 매실액 ½큰술
- 들기름 ½큰술
- 다진 마늘 ½큰술
- 후춧가루 약간

소요 시간

- 전체 소요 시간 40분

(재료 10분 + 밥 짓는 시간 30분)

1. 쌀은 흐르는 물에 여러 번 씻은 후 체에 밭쳐 물기를 뺀 상태에서 20분간 불려주세요.

2. 대파의 흰 부분을 반으로 가른 후 5㎝로 잘라주세요.

3. 갈빗살은 키친타월로 핏기를 닦아 한 입 크기로 썰어요.
   갈빗살 대신 차돌박이, 살치살, 안창살 등 구이용 소고기를 활용해도 좋아요

4. 솥에 불린 쌀과 육수를 붓고 쯔유 1큰술로 간합니다.

5. 뚜껑을 연 상태에서 중강불로 5분간 끓여요.

6. 바글바글 끓어오르면 주걱으로 2~3번 살살 젓고, 뚜껑을 닫아 제일 약한 불에서 10분간 끓이세요.

7. 밥을 약한 불에서 10분간 끓인 후 불을 끄고, 15분간 뜸을 들여요.

8. 뜸을 들이는 동안 달군 팬에 들기름을 2큰술 두르고 대파를 넣어 중간 불에서 숨이 죽을 때까지 볶습니다.

9. ⑧에서 대파를 꺼내 키친타월 위에 올려둡니다. 갈빗살을 넣어 중간 불에서 굽다가 반쯤 익으면 분량의 양념을 넣어 졸아들 때까지 볶습니다.

10. 밥이 다 되면 뚜껑을 열어 구운 대파를 밥 위에 얇게 깔고, 가운데에 볶은 갈빗살을 올린 후 다시 뚜껑을 닫고 1분 있다가 열어줍니다.

11. 달걀노른자를 가운데 얹고, 통깨 1큰술을 뿌려 냅니다.

보글보글
전복뚝배기

1	전복은 솔로 문질러 앞뒤로 깨끗이 씻어주세요. 전복 손질법은 P.96를 참고해주세요.
2	양파는 깍둑 썰고 애호박은 반달 썰어 준비합니다.
3	청양고추, 홍고추, 대파는 어슷하게 썰어주세요.
4	냄비에 육수를 붓고 강한 불에서 끓입니다.
5	육수가 끓어오르면 된장 2큰술을 잘 풀어줍니다.
6	양파, 애호박, 전복을 넣고 다진 마늘 1큰술, 고춧가루 1큰술, 참치액 1큰술을 넣어 중간 불에서 5분 더 끓이세요.
7	전복이 익었다 싶으면 소금으로 모자란 간을 맞춥니다.
8	대파, 청양고추, 홍고추를 넣어 마무리합니다.

재료

· 전복 3마리
· 육수 700ml
· 된장 2큰술
· 참치액 1큰술
· 고춧가루 1큰술
· 청양고추 1개
· 홍고추 1개
· 애호박 ½개
· 양파 ½개
· 대파 ½대
· 다진 마늘 1큰술
· 소금 약간

소요 시간

· 전체 소요 시간 20분
(재료 10분 + 끓이는 시간 10분)

매콤낙지솥밥과
냉이된장국

고추장 양념의 진한 감칠맛과 탱글탱글한 낙지는 참 절묘하게 어우러져요. 보통은 낙지볶음, 낙지연포탕으로 많이 먹지만 고슬고슬한 솥밥을 만들어 먹어도 별미랍니다.

보양식으로 손꼽히는 낙지는 기력 회복에 좋은 식품이에요. 아무래도 다른 보양식에 비해 칼로리나 지방이 낮은 편이어서 부담 없이 먹을 수 있지요. 타우린과 비타민까지 풍부해 혈액순환을 도와주고 피로를 풀어준다고 해요. 입맛이 없을 땐 화끈하게 불 맛 나는 낙지볶음 혹은 따뜻한 연포탕을 끓여보세요.

우리 몸에 신선한 활력을 불어넣어주는 냉이된장국! 그 자체만으로 감칠맛이 나는 냉이는 특유의 향이 입맛을 돌게 해 향긋한 보약 한 그릇 먹는 듯한 느낌을 준답니다. 뿌리가 곧고 잎이 많은 것이 향도 좋고 맛도 좋아요. 냉이는 금방 익기 때문에 오래 끓이지 않아도 돼요. 국물이 구수하고 달큰해 밥을 말아서 김장 김치에 먹으면 다른 반찬이 필요 없습니다.

따뜻한
매콤낙지솥밥

재료
· 쌀 300㎖
· 육수 290㎖
· 낙지 2마리(다리만)
· 당근 ¼개
· 들기름 3큰술

※ 들기름이 없다면 참기름으로
대신해도 괜찮아요.

· 쯔유 1큰술
· 부추 ½단
· 통깨 1큰술

낙지 양념장
· 고추장 2큰술
· 간장 1큰술
· 참치액 1큰술
· 다진 마늘 1큰술
· 설탕 1큰술
· 맛술 1큰술
· 고춧가루 2큰술

소요 시간
· 전체 소요 시간 40분
(재료 10분 + 밥 짓는 시간 30분)

1 쌀은 흐르는 물에 여러 번 씻은 후 체에 밭쳐 물기를 뺀 상태에서 20분간 불립니다.

2 당근은 잘게 다지고 부추는 총총 썰어 준비합니다.

3 낙지는 밀가루로 박박 문질러 씻은 후 먹기 좋은 크기로 썰어주세요.
낙지는 되도록 싱싱한 냉장 낙지를 사용해주세요.

4 분량의 재료로 만든 낙지 양념장에 낙지를 무쳐 10분 이상 재워요.

5 팬에 들기름 1큰술을 두르고 ④를 강한 불에서 1분간 볶아 준비합니다.

6 달군 솥에 들기름 1큰술을 두르고 다진 당근을 중간 불에서 볶아요.

7 당근이 반투명해지면 쌀을 붓고 쯔유 1큰술로 간을 한 다음 5~6번 젓다가 육수를 부어요.

8 뚜껑을 연 상태로 중강불에서 5분간 끓여요.

9 바글바글 끓어오르면 뚜껑을 닫아 제일 약한 불로 줄여 10분간 끓입니다.

10 불을 끄고 뚜껑을 열어 볶아둔 낙지를 밥 위에 올린 후 다시 뚜껑을 닫아 15분간 뜸을 들입니다.

11 밥이 다 되면 뚜껑을 열어 썰어둔 부추를 가득 얹고 통깨 1큰술, 들기름 1큰술을 뿌려 냅니다.

보글보글
냉이된장국

1	손질한 냉이를 깨끗이 씻어 먹기 좋게 썰어요.
2	두부는 깍둑 썰고, 대파는 어슷 썰어 준비해요.
3	냄비에 육수를 부어 강한 불에서 끓입니다.
4	육수가 끓어오르면 양념장을 풀고 한소끔 끓입니다.
5	다시 끓어오르면 냉이, 두부, 대파를 넣고 중간 불에서 5분간 더 끓인 후 냅니다.

냉이를 더 향긋하게 즐기고 싶다면 국을 다 끓이고 불을 끈 상태에서 냉이를 올려 여열로만 익혀주세요.

재료
· 냉이 200g
· 육수 600㎖
· 두부 ½모
· 대파 ½대

양념장
· 된장 1큰술
· 고추장 ½큰술
· 다진 마늘 1큰술
· 참치액 1큰술

소요 시간
· 전체 소요 시간 15분
(재료 5분 + 끓이는 시간 10분)

어묵멸치솥밥과
스팸찌글이찌개

남녀노소 모든 이의 입맛에 잘 맞는 어묵에 부드러운 잔멸치를 더하면 맛있을 수밖에 없겠죠? 쌀 위에 잔멸치를 듬뿍 올려 밥을 지으면 멸치 특유의 감칠맛이 밥알 하나하나에 스며들어 매력적이에요.

멸치 중 가장 작은 세멸치, 특히 반건조 형태로 만든 말랑 촉촉한 세멸치는 감칠맛이 남다르죠. 참기름을 약간 뿌려 먹거나 주먹밥 속 재료, 샐러드나 파스타 토핑으로 다양하게 활용 가능해요. 아주 작은 멸치이기 때문에 씹는 데 부담이 없고 뼈째 먹으니 영양가가 더 높아요. 그리고 더 고소하고요.

냉장고에 남아 있는 자투리 채소를 활용하기에 딱 좋은 찌개 중 하나가 스팸짜글이랍니다. 식탁에 냄비째 올려 두면 가족 모두 스푼으로 푹푹 떠먹기 바빠요. 스팸은 칼로 자르는 것보다 으깨는 게 훨씬 더 맛있더라고요. 그냥 넣는 것과 풍미가 다르니 꼭 으깨서 넣어주세요.

따뜻한
어묵멸치솥밥

재료

· 쌀 300㎖

· 육수 300㎖

· 사각 어묵 3장

· 세멸치 2줌

· 무염 버터 1큰술

· 쯔유 1큰술

· 통깨 1큰술

· 식용유 1큰술

· 참기름 1큰술

· 쪽파 ⅓단

어묵 양념

· 간장 1큰술

· 쯔유 1큰술

· 올리고당 1큰술

· 참기름 1큰술

소요 시간

· 전체 소요 시간 40분

(재료 10분 + 밥 짓는 시간 30분)

1. 쌀은 흐르는 물에 여러 번 씻은 후 체에 밭쳐 물기를 뺀 상태에서 20분간 불립니다.

2. 세멸치는 끓는 물에 30초간 데쳐 물기를 빼고, 어묵은 채 썰어 준비합니다.

   솥밥에 넣을 어묵으로는 얇은 사각 어묵을 추천합니다. 꼭 쓰지 않고 단맛이 나는 세멸치를 사용해주세요(세멸치 구입처 : 바다담아, 반건조 세멸치).

3. 쪽파는 얇게 총총 썰어 준비합니다.

4. 팬에 식용유 1큰술을 두르고 ②의 어묵을 넣어 중간 불에서 볶습니다.

5. 어묵이 부드럽게 익으면 간장 1큰술, 쯔유 1큰술, 올리고당 1큰술, 참기름 1큰술을 넣고 양념이 잘 배도록 중간 불에 볶아주세요.

6. 솥에 불린 쌀과 육수를 붓고 쯔유 1큰술, 무염 버터 1큰술로 간합니다.

7. 뚜껑을 연 상태에서 중강불로 5분간 끓입니다.

8. 바글바글 끓어오르면 볶아둔 어묵과 데친 멸치를 올리고 뚜껑을 닫은 후 제일 약한 불에서 10분간 끓여요.

9. 불을 끄고 15분간 뜸을 들입니다.

10. 완성되면 뚜껑을 열고 쪽파, 참기름 1큰술, 통깨 1큰술을 뿌려 냅니다.

    달걀지단을 부쳐서 얇게 채 썰어 추가하면 더 부드럽고 맛있어요.

보글보글
스팸짜글이찌개

1. 스팸은 숟가락으로 꾹꾹 눌러 으깨세요.
2. 양파, 애호박, 팽이버섯은 먹기 좋은 크기로, 대파는 어슷 썰어 준비합니다.
3. 냄비에 들기름 2큰술을 두르고 대파를 넣어 중간 불로 볶아주세요.
4. 파가 노릇해지면 으깬 스팸을 넣어 함께 중간 불에서 볶아요.
5. 스팸이 반쯤 익었을 때 육수를 부어 강한 불에서 끓여요.
6. 육수가 끓으면 썰어둔 채소를 모두 넣어 강한 불에서 한소끔 더 끓여요.
7. 다시 끓어오르면 고추장 1큰술, 고추가루 2큰술, 참치액 1큰술, 다진 마늘 1큰술로 간하고 중간 불에서 10분 더 끓입니다.
8. 국물이 자박해질 때까지 끓여 냅니다.

재료
· 스팸 200g(작은 것 1캔)
· 육수 500㎖
· 애호박 ½개
· 팽이버섯 ½개
· 양파 ½개
· 대파 ½대
· 들기름 2큰술

찌개 양념
· 고추장 1큰술
· 고추가루 2큰술
· 참치액 1큰술
· 다진 마늘 1큰술

소요 시간
· 전체 소요 시간 15분
(재료 5분 + 끓이는 시간 10분)

매콤가지솥밥과
참치김치찌개

수분을 잔뜩 머금은 보랏빛 채소, 가지. 예전에는 여름 채소였지만 요즘은 사시사철 언제나 만나볼 수 있답니다. 그래도 저는 여름 가지가 왠지 더 달고 맛있게 느껴지더라고요. 가지는 실온에 보관하는 게 좋고, 꼭지를 위로 가게 세운 채로 둬야 신선도가 오래 유지된다고 해요. 칼집을 길게 내 화창한 가을볕에 말리기도 하고요. 꼬들꼬들 말린 가지를 물에 불려 꼭 짠 뒤 간장 양념에 볶아 반찬을 만들어보세요. 불린 물은 버리지 말고 밥을 지을 때 활용하면 좋습니다.

부드러운 맛과 짭조름한 매콤함의 조화가 참 좋은 가지솥밥 레시피입니다. 기름을 잔뜩 머금은 가지로 솥밥을 지으면 입안에서 가지가 버터처럼 사르르 녹아요. 두반장은 많이 넣으면 짤 수 있으니 조심 또 조심.

냉장고에 마땅한 재료가 없다면 잘 익은 묵은지와 참치 통조림 하나로 간단하게 찌개를 끓여보세요. 시큼하게 익은 김치가 담백한 참치와 잘 어울려 입맛을 당기는 고소한 국물 요리예요. 참치 통조림은 기름을 빼고 넣어야 맛이 깔끔하답니다.

따뜻한
매콤가지솥밥

재료

- 쌀 300㎖
- 육수 300㎖
- 가지 3개
- 다진 소고기 200g
- 영양부추 ½단
- 감자 전분 2큰술
- 식용유 5큰술
- 달걀노른자 1개분
- 쯔유 1큰술
- 맛술 1큰술
- 무염 버터 ½큰술
- 참기름 ½큰술

다진 소고기 양념

- 맛술 1큰술
- 간장 1큰술
- 설탕 ½큰술
- 두반장 1큰술
- 참기름 1큰술
- 후춧가루 약간

소요 시간

- 전체 소요시간 40분

  (재료 10분 + 밥 짓는 시간 30분)

1. 쌀은 흐르는 물에 여러 번 씻은 후 체에 밭쳐 물기를 뺀 상태에서 20분간 불립니다.

2. 가지는 큼직하게 지그재그로 어슷썰기 하고, 영양부추는 얇게 총총 썰어둡니다.

3. 썰어둔 가지에 감자 전분을 골고루 묻혀 준비합니다.

   가지와 전분을 비닐봉지에 넣고 흔들면 전분이 골고루 잘 묻습니다.

4. 다진 소고기는 맛술 1큰술, 간장 1큰술, 설탕 ½큰술, 두반장 1큰술, 참기름 1큰술, 후춧가루 약간으로 양념해둡니다.

5. 달군 팬에 식용유 5큰술을 두르고 가지를 중간 불에서 노릇하게 굽습니다.

   최대한 가지가 기름을 먹어 노릇해질 때까지 굽고 기름이 부족하다면 추가해주세요.

6. 노릇하게 구운 가지는 잠시 덜어두고, 같은 팬에 ④의 소고기를 중간 불에서 볶아요.

7. 고기가 어느 정도 익으면 가지를 넣어 함께 볶습니다. 이때 가지가 으스러지지 않게 조심하세요.

8. 솥에 불린 쌀과 육수를 붓고 쯔유 1큰술, 맛술 1큰술, 무염 버터 ½큰술로 간합니다.

9. 뚜껑을 연 상태에서 중강불로 5분간 끓입니다.

10. 바글바글 끓어오르면 볶아둔 고기와 가지를 올리고 뚜껑을 닫아 제일 약한 불에서 10분간 끓여요.

11. 불을 끄고 15분간 뜸을 들입니다.

12. 뚜껑을 열고 영양부추를 듬뿍 올린 후 참기름 ½큰술을 뿌려요.

13. 마지막으로 달걀노른자를 담아 냅니다.

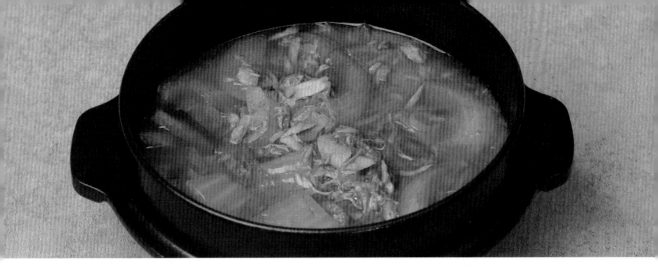

보글보글
참치김치찌개

1	묵은지는 물에 헹궈 소를 훑어 물기를 짠 후 먹기 좋게 썰어요.
2	대파는 총총 썰고, 양파는 채 썰어 준비합니다.
3	달군 냄비에 참기름 1큰술과 ①을 넣고 중간 불에서 볶습니다.
4	묵은지가 골고루 익으면 육수를 붓고 강한 불에서 끓입니다.
5	육수가 끓어오르면 채 썬 양파, 김치 국물 2큰술, 고추장 1큰술, 고춧가루 1큰술, 다진 마늘 1큰술, 참치액 ½큰술을 넣어 중간 불에서 10분 더 뭉근히 끓입니다.
6	마지막으로 기름을 뺀 참치 캔과 대파를 넣고 중간 불에서 5분 더 끓여 냅니다.

재료
· 묵은지 300g
· 육수 600㎖
· 참치 캔 1개
· 양파 ¼개
· 참기름 1큰술
· 다진 마늘 1큰술
· 고추장 1큰술
· 고춧가루 1큰술
· 김치 국물 2큰술
· 참치액 ½큰술
· 대파 ½대

소요 시간
· 전체 소요 시간 20분
(재료 5분 + 끓이는 시간 15분)

애호박소고기솥밥과
매콤명란찌개

애호박은 주로 찌개에 넣어 먹죠. 어느 요리와도 잘 어울리는 만능 식재료로 냉장고에 없어서는 안 될 일상 식재료입니다. 구수한 된장찌개, 노릇노릇 달걀말이, 간단한 볶음 요리까지. 얇게 채 쳐 애호박전을 부치면 살캉한 식감이 별미더라고요. 가끔 색다른 애호박 요리가 먹고 싶을 때는 지글지글 노릇하게 구워서 쌀 위에 올려 밥을 지어보세요. 애호박 본연의 단맛과 고소함이 그대로 느껴지는 요리가 완성돼요. 다진 대파를 넣은 알싸한 맛의 양념장을 곁들여야 제맛이 난답니다.

여름의 뜨거운 뙤약볕 아래에서 무럭무럭 자란 애호박은 꼭지가 신선한 상태로 달려 있는 것을 골라야 해요. 애호박은 소화 흡수가 잘되고 위 점막을 보호해 위에 염증이 생기는 것을 막아준다고 합니다.

짭조름한 감칠맛이 입에서 톡톡 터지는 명란으로 찌개를 끓여보세요. 그냥 넣고 끓이기만 했는데도 눈이 번쩍 뜨이게 맛있답니다. 명란에 간이 되어 있어 별다른 양념을 넣지 않아도 괜찮아요. 푹 끓일수록 더 깊은 감칠맛이 우러나더라고요.

따뜻한
애호박소고기솥밥

재료

· 쌀 300㎖

· 육수 300㎖

· 애호박 ½개

· 다진 소고기 200g

· 쯔유 1큰술

· 쪽파 ⅓단

· 참기름 2큰술

· 식용유 1큰술

소고기 다짐육 양념

· 간장 1큰술

· 맛술 1큰술

· 매실액 1큰술

· 후춧가루 약간

솥밥에 곁들일 양념장

· 다진 대파 1큰술

· 고춧가루 ¼큰술

· 간장 1큰술

· 통깨 ½큰술

소요 시간

· 전체 소요 시간 40분

(재료 10분 + 밥 짓는 시간 30분)

1 쌀은 흐르는 물에 여러 번 씻은 후 체에 밭쳐 물기를 뺀 상태에서 20분간 불립니다.

2 애호박은 도톰하게 십자썰기 하고 쪽파는 총총 썰어둡니다.
애호박은 살짝 도톰하게 썰어 솥밥을 지어도 으스러지지 않게 해주세요.

3 다진 소고기는 간장 1큰술, 맛술 1큰술, 매실액 1큰술, 후춧가루 약간으로 밑간을 합니다.

4 달군 팬에 참기름 1큰술, 식용유 1큰술을 두르고 애호박을 올려 강한 불에서 노릇해질 때까지 구운 후 유리 볼에 담아 한 김 식힙니다.

5 애호박을 구운 팬에 양념한 소고기를 그대로 넣고 중간 불에서 노릇하게 볶아 준비해요.

6 솥에 불린 쌀과 육수를 붓고 쯔유 1큰술로 간해요.

7 뚜껑을 연 상태에서 중강불로 5분간 끓입니다.

8 바글바글 끓어오르면 볶은 소고기와 애호박을 쌀 위에 얹고 뚜껑을 닫아 제일 약한 불에서 10분간 끓여요.

9 불을 끄고 15분 동안 뜸을 들여요.

10 시간이 다 되면 뚜껑을 열고 쪽파와 참기름 1큰술을 뿌린 후, 취향껏 양념장을 곁들여 먹어요.

144

보글보글
매콤명란찌개

1	애호박은 반달 썰고, 양파는 채, 대파는 어슷 썰어주세요.
2	대패 삼겹살은 키친타월로 핏기를 닦아 먹기 좋은 크기로 자릅니다.
3	냄비에 명란을 깔고, 그 위에 대패 삼겹살을 올립니다.
4	채 썬 양파와 애호박도 ③에 넣어주세요.
5	④에 맛술 1큰술, 고춧가루 2큰술, 참치액 1큰술로 간을 하고 육수를 붓습니다.
6	중간 불에서 뭉근하게 20분간 끓입니다.
7	마지막에 대파를 올리고 중간 불에서 1분 더 끓여 냅니다.

명란은 먹기 전에 으깨면 감칠맛이 더 좋아집니다.

재료
- 명란 100g
- 육수 600㎖
- 대파 1대
- 대패 삼겹살 150g
- 다진 마늘 1큰술
- 애호박 ½개
- 양파 ½개
- 맛술 1큰술
- 고춧가루 2큰술
- 참치액 1큰술

소요 시간
- 전체 소요 시간 15분
(재료 5분 + 끓이는 시간 10분)

김문어 술밥과
얼큰순두부찌개

바닷속에 사는 연체동물 '문어'의 제철은 11월부터 4월까지입니다. 보통 날것으로 먹지 않고 구이나 숙회, 탕, 볶음 등으로 조리해 먹는데, 어떻게 요리해도 매우 쫄깃한 식감의 매력을 뽐내는 식재료예요. 문어에는 두뇌 발달과 기억력 향상에 기여하는 DHA와 EPA가 풍부합니다. 그뿐만 아니라 타우린이 풍부해 피로 해소나 기력 회복에도 탁월합니다. 또 혈액 속 콜레스테롤을 효과적으로 낮춰주기 때문에 피를 맑게 만들어주죠. 칼로리는 매우 낮은데 단백질 함량은 높아 다이어트에도 좋은 식품 중 하나예요.

향긋한 풍미와 식감을 살린 문어솥밥을 고슬고슬 지어 식탁에 올려보세요. 자숙 문어를 활용하면 문어를 삶을 필요가 없어 훨씬 간편하게 만들 수 있답니다. 문어를 잘 고르고 싶다면 다리를 찬찬히 살펴보세요. 적자색에 흡반이 또렷하고 크며 탱탱한 것을 추천해요.

비가 오고 공기가 차가워지면 따뜻한 국물이 먹고 싶어지는데, 이럴 때 얼큰한 국물 요리 한 그릇이면 몸도 기분도 좋아진답니다. 보기만 해도 속이 확 풀리는 순두부찌개를 소개할게요. 부드러운 순두부에 채소를 썰어 바글바글 끓이기만 하면 돼요.

따뜻한
김 문어솥밥

재료

· 쌀 300㎖

· 육수 300㎖

· 자숙 문어 다리 2개

※ 손질도 요리도 편한
'자숙 문어'를 추천해요.

· 곱창김 2장

· 당근 ½개

· 참기름 2큰술

· 쯔유 2큰술

· 맛술 1큰술

· 쪽파 ½단

소요 시간

· 전체 소요 시간 40분

(재료 10분 + 밥 짓는 시간 30분)

1. 쌀은 흐르는 물에 여러 번 씻은 후 체에 밭쳐 물기를 뺀 상태에서 20분간 불립니다.

2. 당근은 다지고 쪽파는 얇게 총총 썰어요.

3. 손으로 곱창김을 한 입 크기로 찢어 준비합니다.

4. 자숙 문어 다리는 6~7㎝ 정도를 데코용으로 남겨놓고, 나머지는 먹기 좋게 썰어놓습니다. 이때 데코용 문어는 토치로 겉을 노릇하게 그슬리세요.

5. 달군 솥에 참기름 1큰술, 맛술 1큰술을 넣고 썰어놓은 문어를 중간 불에서 30초 볶아요.

6. ⑤에 불린 쌀, 잘게 썬 당근, 쯔유 2큰술을 넣고 중간 불에서 1분간 더 볶아요.

7. 육수를 붓고 뚜껑을 연 상태에서 중강불로 5분간 끓입니다.

8. 바글바글 끓어오르면 찢어놓은 곱창김을 넣어 2~3번 젓고 윗면을 정리 한 다음, 데코용 문어 다리를 올리고 뚜껑을 닫아 제일 약한 불에서 10분간 끓여요.

9. 불을 끄고 15분 동안 뜸을 들여요.

10. 뚜껑을 열고 참기름 1큰술과 쪽파를 뿌리고 먹기 전에 데코용 문어를 먹기 좋게 잘라 밥과 함께 섞어 냅니다.

보글보글
얼큰순두부찌개

1. 대파는 총총 썰고, 표고버섯은 밑동을 잘라 편 썰고, 청양고추는 어슷하게 썰어놓습니다.
2. 다진 소고기는 맛술 1큰술, 국간장 1큰술, 후춧가루 약간으로 밑간을 합니다.
3. 유리 볼에 고춧가루 1큰술, 다진 마늘 1큰술, 육수 3큰술, 참치액 1큰술, 후춧가루 약간을 넣어 양념을 만들어요.
4. 달군 냄비에 들기름 2큰술과 대파를 넣고 약한 불에서 은근하게 볶아 파기름을 냅니다.
5. 밑간한 소고기를 ④에 넣어 중간 불에서 바짝 볶습니다.
6. 냄비에 순두부 모양이 흐트러지지 않게 2등분 해 넣으세요.
7. ⑥에 육수와 ③을 붓고 중간 불에서 끓입니다.
8. 팔팔 끓어오르면 표고버섯과 청양고추를 넣고 중간 불로 한소끔 끓입니다.
9. 모자란 간은 새우젓으로 맞추고 다시 끓어오르면 달걀노른자를 올려 냅니다.

재료
· 순두부 ½봉지
· 육수 200㎖
· 다진 소고기 200g
· 표고버섯 1개
· 대파 ½대
· 들기름 2큰술
· 달걀노른자 1개분
· 청양고추 1개
· 맛술 1큰술
· 국간장 1큰술
· 새우젓 약간
· 후춧가루 약간

순두부찌개 양념
· 고춧가루 2큰술
· 다진 마늘 1큰술
· 육수 3큰술
· 참치액 1큰술
· 후춧가루 약간

소요 시간
· 전체 소요 시간 15분
(재료 5분 + 끓이는 시간 10분)

김문어솥밥

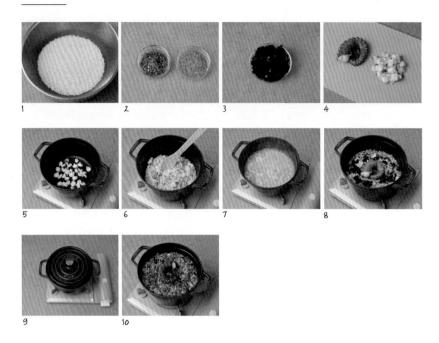

얼큰순두부찌개

생선 중에서도 고급으로 꼽히는 맛도 영양도 훌륭한 '도미'는 11월부터 3월까지가 제철인데, 특히 이른 봄철에 제일 맛있다고 해요. 찜으로 요리해 특유의 부드러운 식감과 담백함을 즐기거나, 파기름에 튀기듯 구워 중식 느낌으로 먹어도 좋아요. 도미를 고를 때는 손으로 눌러보아 살이 단단한 것을 선택하면 됩니다. 요즘엔 비늘과 뼈를 제거하고 필레 형태로 손질해놓은 제품도 쉽게 살 수 있으니 집에서도 간단하게 도미 스테이크를 요리할 수 있어요.

밥 위에 살이 통통하게 오른 도미나 병어 같은 흰 살 생선을 노릇노릇하게 구워 올리면 훌륭한 생선 솥밥이 완성됩니다. 알싸한 향의 생강을 넣어 산뜻한 맛까지 함께 즐길 수 있어요. 생선은 꼭 반나절 이상 맛술에 재워둬야 한다는 걸 잊지 마세요.

밥상 위 단골 메뉴, 된장찌개. 바지락이나 꽃게 다리 몇 개만 넣으면 달큼하고 구수한 국물에 바다 내음까지 더해져 왠지 더 맛있게 느껴진답니다. 고추장을 약간 풀어 넣어 칼칼한 단맛을 가미하는 것도 좋아요.

따뜻한
도미생강솥밥

재료

· 쌀 300㎖

· 육수 300㎖

· 손질한 도미 ½마리

· 생강 2톨

· 쪽파 약간

· 쯔유 1큰술

· 소금 ½작은술

· 통후추 약간

· 맛술 5큰술

· 무염 버터 ½큰술

솥밥에 곁들일 양념장

· 잘게 썬 영양부추 4큰술

· 폰즈소스 4큰술

소요 시간

· 전체 소요 시간 40분

(재료 10분 + 밥 짓는 시간 30분)

1. 도미는 껍질에 칼집을 내 앞뒤로 소금 ¼작은술, 통후추 약간으로 간하고 맛술 4큰술을 두른 후 반나절 이상 냉장고에 넣어 숙성시킵니다.

2. 쌀은 흐르는 물에 여러 번 씻은 후 체에 밭쳐 물기를 뺀 상태에서 20분간 불립니다.

3. 생강은 아주 얇게 채 썰고 쪽파는 총총 썰어요.

4. 도미의 앞뒤 겉면을 토치로 충분히 노릇하게 구워주세요.

5. 솥에 불린 쌀, 육수, 쯔유 1큰술, 맛술 1큰술, 소금 ¼작은술을 넣습니다.

6. 뚜껑을 연 상태에서 중강불로 5분간 끓입니다.

7. 바글바글 끓어오르면 쌀 위에 채 썬 생강과 구운 도미를 올리고 뚜껑을 닫아 제일 약한 불에서 10분간 끓입니다.

8. 불을 끄고 15분간 뜸을 들여요.

9. 뚜껑을 열어 무염 버터 ½큰술을 올리고, 쪽파를 뿌려 완성합니다. 밥과 생선살을 잘 섞어 그릇에 담고 양념장을 곁들여 먹어요.

   취향에 따라 버터 대신 참기름 1큰술을 뿌려도 좋아요.

보글보글
해물된장찌개

1   두부, 애호박, 양파, 표고버섯은 한 입 크기로 썰어주세요.

2   청양고추, 대파는 총총 썰어 준비합니다.

3   해물 믹스는 흐르는 물에 가볍게 씻어 맛술 2큰술로 간해둡니다.
     해물 믹스 대신 신선한 오징어, 새우, 홍합 등을 사서 넣으면 더 좋아요.

4   냄비에 된장 2큰술, 고추장 ½큰술을 넣고 약한 불에서 볶습니다.

5   구수한 냄새가 나기 시작하면 육수 3큰술을 넣고 약한 불에서 1분 더 볶아주세요.

6   나머지 육수를 붓고 애호박, 양파, 참치액 1큰술을 넣어 강한 불에서 끓입니다.

7   끓어오르면 해물 믹스를 넣고 강한 불에서 한소끔 더 끓여요.

8   육수가 다시 끓기 시작하면 두부, 표고버섯, 대파, 청양고추, 고춧가루 ½큰술을 넣고 5분
     간 더 끓입니다.

재료

· 해물 믹스 200g
· 육수 500㎖
· 두부 ½모
· 애호박 ½개
· 양파 ½개
· 청양고추 1개
· 대파 ½대
· 표고버섯 2개
· 된장 2큰술
· 고추장 ½큰술
· 고춧가루 ½큰술
· 맛술 2큰술
· 참치액 1큰술

소요 시간

· 전체 소요 시간 15분
(재료 5분 + 끓이는 시간 10분)

Part. 03

시원한
솥밥 밥상

닭고기토마토솔밥과
콩나물냉국

입안 가득 퍼지는 새콤한 토마토 소스가 쌀알마다 깊이 배어 입맛을 자극하는 솥밥이에요. 닭고기 대신 새우나 홍합을 활용하면 해산물 솥밥으로도 만들 수 있답니다.

진한 녹색 꼭지와 윤기가 도는 껍질이 신선한 토마토의 특징이에요. 길쭉하니 대추같이 생긴 대추방울토마토는 단맛이 더 강하고, 가열하지 않아도 영양을 효율적으로 섭취할 수 있답니다. 보관할 때는 꼭지를 제거한 상태로 밀폐 용기에 넣어 냉장 보관하세요.

너무 더워 땀이 많이 나는 날에는 자꾸만 냉국을 찾게 됩니다. 시원한 국물 맛과 아삭한 식감을 모두 잡은 콩나물냉국과 함께라면 무더운 날씨도 두렵지 않아요. 전날 미리 육수를 끓여 냉장고에 넣어두고, 차갑게 식혀서 준비해도 좋습니다.

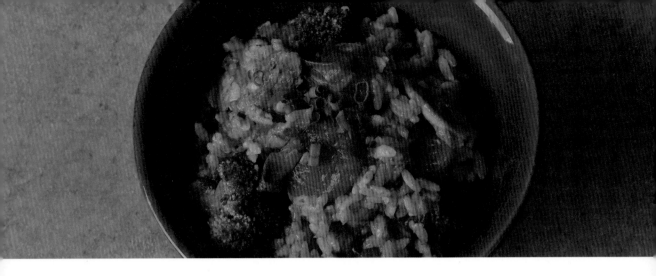

따뜻한
닭고기토마토솥밥

재료

- 쌀 300㎖
- 우유 250㎖
- 육수 280㎖
- 닭다리살 4조각
- 방울토마토 10알
- 브로콜리 ½송이
- 양파 ½개
- 쪽파 약간
- 시판 토마토 소스 4큰술
- 올리브유 2큰술
- 무염 버터 1큰술
- 다진 마늘 1큰술
- 쯔유 1큰술
- 간장 2큰술
- 맛술 2큰술
- 소금 & 후춧가루 약간

소요 시간

- 전체 소요 시간 40분
  (재료 10분 + 밥 짓는 시간 30분)

1 쌀은 흐르는 물에 여러 번 씻은 후 체에 밭쳐 물기를 뺀 상태에서 20분간 불립니다.

2 닭다리살은 잡내를 제거하고 육질을 부드럽게 하기 위해 우유에 20분간 담가둡니다. 그런 다음 흐르는 물에 깨끗이 헹군 후 물기를 제거하고 먹기 좋은 크기로 썰어 맛술 2큰술과 간장 2큰술, 소금과 후춧가루 약간으로 밑간합니다.
닭껍질이 미끄러우므로 칼질할 때 조심하세요.

3 방울토마토는 반으로 자르고, 양파는 다지고, 브로콜리는 먹기 좋게 썰어요. 마지막에 토핑으로 올릴 쪽파는 얇게 총총 썰어 준비해요.
예쁘게 플레이팅하기 위해 방울토마토와 브로콜리를 조금 남겨놓고, ⑧에서 구운 닭고기와 함께 쌀 위에 올려주세요.

4 달군 솥에 올리브유 2큰술을 두르고 중간 불에서 닭다리살을 앞뒤로 노릇하게 굽습니다.

5 구운 닭다리살은 꺼내놓고 기름이 남은 솥에 다진 마늘 1큰술과 다진 양파를 넣고 중간 불에서 1~2분 볶다가 브로콜리와 방울토마토를 넣고 1분 더 볶습니다.

6 ⑤에 불린 쌀을 넣고 1분 볶다가 육수를 붓고 쯔유 1큰술, 무염 버터 1큰술, 토마토 소스 4큰술로 간합니다.

7 뚜껑을 연 상태에서 중강불로 5분간 끓입니다. 이때 주걱으로 3~4번 살살 뒤적거리세요.

8 바글바글 끓어오르면 구운 닭고기를 올리고 뚜껑을 닫아 제일 약한 불에서 10분 끓이세요.

9 불을 끄고 15분간 뜸 들인 후 뚜껑을 열고 쪽파를 얹어 냅니다.

시원한
콩나물냉국

1 대파, 청양고추, 홍고추는 총총 썰어 준비해요.

2 콩나물은 소금 1큰술을 넣고 냄비 뚜껑을 연 상태에서 2분간 삶습니다.

3 삶은 콩나물은 얼음물에 씻은 후 체에 받쳐 물기를 제거합니다.

4 냄비에 육수를 붓고 강한 불에 올리고 끓기 시작하면 쯔유 1큰술, 참치액 1큰술로 간합니다.

5 썰어놓은 대파, 청양고추, 홍고추를 넣어 한소끔 끓인 후 거품을 걷어냅니다.

6 ⑤를 냉장고에 넣어 차갑게 식혀주세요.

7 시원해진 육수에 콩나물을 섞고 부족한 간은 소금으로 맞춰 냅니다.

재료
· 콩나물 200g

· 육수 600㎖

· 청양고추 1개

· 홍고추 1개

· 대파 ½대

· 쯔유 1큰술

· 참치액 1큰술

· 소금 1큰술

소요 시간
· 전체 소요 시간 15분

(재료 10분 + 끓이는 시간 5분)

옥수수게살솔밥과
팽이버섯냉국

왠지 모르게 정신없고 피곤한 날에는 피로 해소에 좋은 아스파라거스로 솥밥을 지어 먹어요. 야들야들한 게살까지 곁들인다면 탁월한 선택이랍니다. 여름엔 달콤한 제철 초당옥수수를 활용해도 좋아요. 생옥수수로 밥을 지을 때는 옥수숫대도 쌀 위에 올려 같이 익혀주세요. 옥수숫대에서 단맛이 나오거든요.

울긋불긋 낙엽이 지는 늦가을엔 붉고 단단한 대게에 살이 꽉 차오를 때죠? 은은한 고소함은 물론, 단맛까지 느껴지는 붉은 대게살. 가슴살보다는 다리살이 맛과 향이 더 진하고 식감도 더 쫄깃해요.

야들야들한 팽이버섯 좋아하시나요? 오도독한 식감이 재밌고 특유의 고소한 맛이 나 국이나 찌개에서 감초 역할을 한답니다. 팽이버섯은 각종 아미노산과 비타민이 풍부해 면역력을 높이며 성인병 예방에 탁월해요. 가끔은 살짝만 데쳐서 새콤한 냉국 한 그릇을 만들어보세요. 은근 별미랍니다.

따뜻한
옥수수게살솥밥

재료

· 쌀 300㎖

· 육수 300㎖

· 캔 옥수수 150g

· 냉동 자숙 홍게살 200g

· 아스파라거스 6대

· 쯔유 3큰술

· 무염 버터 1큰술

· 맛술 1큰술

· 올리브유 2큰술

· 소금 약간

· 후춧가루 약간

소요 시간

· 전체 소요 시간 40분

(재료 10분 + 밥 짓는 시간 30분)

1   쌀은 흐르는 물에 여러 번 씻은 후 체에 밭쳐 물기를 뺀 상태에서 20분간 불립니다.

2   냉동 자숙 홍게살은 해동시켜 물기를 손으로 꼭 짜서 손으로 길게 찢어 준비해요.
    냉동 자숙 홍게살은 물에 씻으면 감칠맛이 사라지므로 해동 후 물기만 짜서 사용해주세요.

3   ②에 쯔유 1큰술, 맛술 1큰술로 밑간을 합니다.

4   캔 옥수수도 흐르는 물에 씻어 물기를 뺍니다.
    여름에는 캔 옥수수 대신 제철 초당옥수수를 활용해도 좋아요.

5   아스파라거스는 밑동을 1㎝ 자르고 필러로 겉껍질을 듬성듬성 벗긴 후 먹기 좋은 크기로
    잘라요.

6   달군 팬에 올리브유 2큰술을 두르고 ⑤를 중간 불에서 노릇하게 굽습니다. 이때 소금과 후
    춧가루로 간해주세요.

7   솥에 불린 쌀과 육수를 붓고 쯔유 2큰술, 무염 버터 1큰술로 밑간합니다.

8   뚜껑을 열고 중강불에서 5분간 끓이고, 바글바글 끓어오르면 주걱으로 2~3번 살살 젓습니
    다.

9   구운 아스파라거스, 옥수수, 홍게살을 올린 후 뚜껑을 닫고, 제일 약한 불로 줄여 10분간
    끓입니다.

10 불을 끄고 15분간 뜸을 들여 냅니다

시원한
팽이버섯냉국

1	오이는 굵은소금으로 문질러 닦아 헹군 후 가늘게 채 썰고 홍고추는 어슷 썰어요.
2	팽이버섯은 밑동을 잘라내고 끓는 물에 30초간 데친 후 차가운 물로 씻어 꼭 짜주세요.
3	차갑게 식힌 육수에 설탕 ½큰술, 쯔유 2큰술, 식초 2큰술로 간을 하고 설탕이 녹을 때까지 저어줍니다.
	시판 냉면 육수를 활용해도 좋아요. 차가운 얼음을 추가할 경우 육수의 간을 레시피보다 세게 해주세요.
4	그릇에 오이채, 데친 팽이버섯, ③을 담고 홍고추와 통깨를 고명으로 올려 냅니다.
5	모자란 간은 소금으로 맞춰주세요.

재료
· 오이 ½개
· 육수 600㎖
· 팽이버섯 ½봉지
· 홍고추 ½개
· 통깨 1큰술
· 쯔유 2큰술
· 식초 2큰술
· 설탕 ½큰술
· 소금 약간

소요 시간
· 전체 소요 시간 20분
(재료 5분 + 끓이는 시간 15분)

새우쑥갓튀김솥밥과
토마토가지냉국

푸릇푸릇 초록 기운을 담은 쑥갓만 있으면 소담한 밥상이 더욱 향기로워진답니다. 쑥갓은 나물로 무치거나 매운탕에 자주 넣어 먹곤 하죠. 데치고, 삶고, 튀기는 등 어떻게 조리해도 본연의 맛과 향기를 잃지 않거든요. 고소한 새우와 함께 튀기면 향긋함이 배가되어 아이들도 참 좋아한답니다. 입안에 가득 차는 새우의 감칠맛에 행복한 기분이 들 거예요.

쑥갓은 여리고 어린 순을 골라 푸릇한 빛이 가시지 않게 재빨리 데치고, 구수한 된장이나 감칠맛을 살리는 국간장으로 무쳐 먹어도 너무 맛있답니다.

토마토가지냉국은 새콤달콤 시원한 국물이 당길 때 만들어 먹기 좋은 냉국입니다. 짭조름하게 무친 가지와 다시마로 맑게 우린 국물이 참 잘 어울려요. 먹기 직전 얼음을 동동 띄워 시원하게 즐겨보세요.

따뜻한
새우쑥갓튀김솥밥

재료

· 쌀 300㎖
· 육수 290㎖
· 쑥갓 ½봉지
· 손질 새우(중) 10마리
· 양파 ½개
· 영양부추 1줌
· 튀김가루 ½컵
· 쯔유 2큰술
· 폰즈소스 1큰술
· 튀김용 식용유 600㎖

튀김 반죽

· 튀김가루 1컵
· 얼음물 ⅔컵
· 달걀 1개
· 맛술 2큰술

소요 시간

· 전체 소요 시간 40분
(재료 10분 + 밥 짓는 시간 30분)

1 쌀은 흐르는 물에 여러 번 씻은 후 체에 받쳐 물기를 뺀 상태에서 20분간 불립니다.

2 새우는 채반에 올려 흐르는 물에 흔들어 씻고, 쑥갓은 깨끗하게 씻어 억센 밑동을 잘라내고 7㎝ 길이로 썰어요.

3 양파는 얇게 채 썰고 영양부추는 얇게 총총 썰어 준비합니다.

4 유리 볼에 쑥갓과 새우, 튀김가루 ½컵을 넣어 골고루 무칩니다.

5 튀김가루 1컵, 얼음물 ⅔컵, 달걀 1개, 맛술 2큰술을 풀어 거품기로 잘 섞습니다.

6 ④를 ⑤에 넣고 골고루 섞어 튀김옷을 입힙니다.

7 튀김용 냄비에 기름을 넉넉히 붓고 강한 불에서 끓이다 반죽을 약간 넣어 포르르 끓어오르면 ⑥을 한 젓가락씩 넣어 튀겨요.

8 앞뒤로 노릇노릇 바삭하게 튀긴 후 채반에 올려 기름을 뺍니다.
   두 번 튀기면 더 바삭해진답니다.

9 솥에 불린 쌀과 육수를 붓고 쯔유 2큰술로 간을 합니다.

10 뚜껑을 연 상태에서 중강불로 5분 끓여요. 이때 주걱으로 3~4번 살살 뒤적거리세요.

11 바글바글 끓어오르면 쌀 위에 채 썬 양파를 올리고 뚜껑을 닫아 제일 약한 불에서 10분간 끓이세요.

12 불을 끄고 15분간 뜸을 들인 후 뚜껑을 열어 새우쑥갓튀김을 가득 올리고 그 위에 영양부추, 폰즈소스 1큰술을 뿌려 냅니다.
   주걱을 세로로 세워 튀김을 3~4등분한 후 밥과 함께 골고루 섞어 그릇에 담으세요.

시원한
토마토가지냉국

1	가지는 먹기 좋게 잘라 4등분하고 방울토마토는 2등분합니다. 쪽파는 토핑용으로 총총 썰어요.
2	달군 팬에 가지를 올려 약한 불에서 기름 없이 노릇하게 5분간 구우세요. 이때 소금을 약간 뿌려 간을 합니다.
3	볼에 토마토와 한 김 식힌 구운 가지를 넣고 쯔유 1큰술, 식초 2큰술, 참기름 ½큰술, 통깨 1큰술, 매실청 2큰술을 넣어 조물조물 무쳐줍니다.
4	차갑게 식힌 육수에 쯔유 2큰술, 설탕 1큰술, 식초 2큰술로 간을 하고 설탕이 녹을 때까지 저어줍니다. 모자란 간은 소금으로 맞춰주세요.
5	그릇에 ③을 담고 ④를 부어 냅니다.
6	마지막에 토핑용 쪽파를 뿌리고, 잘게 다진 생강 고명을 올려 풍미를 더합니다.

재료
· 가지 2개
· 방울토마토 8개
· 육수 800㎖
· 쯔유 2큰술
· 식초 2큰술
· 설탕 1큰술
· 소금 약간
· 다진 생강 ½작은술
· 쪽파 약간

가지 양념
· 쯔유 1큰술
· 식초 2큰술
· 참기름 ½큰술
· 통깨 1큰술
· 매실청 2큰술

소요 시간
· 전체 소요 시간 15분
(재료 10분 + 굽는 시간 5분)

대패삼겹김치솔밥과
미나리콩나물굴국

칼칼한 김치와 대패 삼겹살의 만남. 과연 김치솥밥이 맛있을까 싶은 의문이 들겠지만 김치볶음밥과는 또 다른 매력으로 자꾸만 손이 간답니다. 마지막에 토치로 고급스러운 불 향까지 입혔으니 손님 초대 메뉴로도 그만이에요.

얇게 저민 대패 삼겹살은 보통 냉동 상태로 많이 구입해요. 지방과 살코기가 적당히 섞여 있어 육질이 연하고 부드러우며 구워 먹기도 편하답니다. 지글지글 소리와 함께 금세 노릇하고 바삭하게 익어 고소한 맛을 자랑하죠. 고추장 양념을 입혀 매콤하게 볶아도 좋아요. 국거리로 끓일 땐 기름이 과하다 싶으면 반쯤 따라내고 요리해주세요. 솥밥을 만들 때도 마찬가지입니다.

겨울엔 진한 맛의 제철 굴로 굴국을 끓여보는 건 어때요? 시원하고 담백한 국물에 속이 확 풀려 해장국으로도 추천해요. 굴은 꼭 당일 구매한 신선한 것만 사용하는 거, 잊지 마세요!

따뜻한
따패삼겹김치솥밥

재료

· 쌀 300㎖
· 육수 300㎖
· 김치 ¼포기
· 대패 삼겹살 300g
· 쪽파 ½단
· 쯔유 1+½큰술
· 참기름 ½큰술

대파 삼겹살 양념

· 참기름 1큰술
· 매실액 1큰술
· 쯔유 1큰술
· 참치액 1큰술
· 맛술 1큰술
· 간장 ½큰술
· 소금 약간
· 후춧가루 약간

소요 시간

· 전체 소요 시간 40분

(재료 10분 + 밥 짓는 시간 30분)

1 쌀은 흐르는 물에 여러 번 씻은 후 체에 밭쳐 물기를 뺀 상태에서 20분간 불립니다.

2 대패 삼겹살은 참기름 1큰술, 매실액 1큰술, 쯔유 1큰술, 참치액 1큰술, 맛술 1큰술, 간장 ½큰술, 소금과 후춧가루 약간으로 간을 합니다.

3 김치는 양념을 깨끗이 털어낸 후 너무 잘게 다지지 말고 식감이 살아 있게 썰어주세요. 쪽파는 얇게 총총 썰어요.

김치는 적당히 익은 김치를 사용하세요. 묵은 신김치를 사용할 경우 신맛이 날 수 있으니 주의하세요.

4 달군 솥에 양념한 고기를 중간 불에서 볶고 고기가 노릇해지면 키친타월에 옮깁니다.

5 솥에 남은 기름을 절반만 따라내고, 나머지 기름으로 중약불에서 김치가 타지 않게 볶아주세요.

6 김치가 야들야들 잘 볶아지면 불린 쌀, 육수, 쯔유 1큰술을 넣고 중강불로 올려 5분간 끓여요.

7 바글바글 끓어오르면 3~4번 저어 재료를 골고루 섞고, 구운 고기를 올린 다음 뚜껑을 닫고 제일 약한 불로 10분 더 끓여요.

8 불을 끄고 15분간 뜸을 들인 후 뚜껑을 열고 토치로 고기를 30초 정도 그슬립니다. 이 과정을 생략하려면 고기를 구울 때 더 노릇하게 구우면 돼요.

토치로 삼겹살의 겉을 바삭하게 그슬리면 솥밥에 고급스러운 풍미를 더할 수 있습니다.

9 마지막으로 한쪽에 쪽파를 듬뿍 올리고 쯔유 ½큰술, 참기름 ½큰술로 간을 해서 냅니다.

시원한
미나리콩나물굴국

1	무는 채 썰고 미나리는 먹기 좋은 크기로 썰어주세요.
2	굴은 소금물에 넣어 이물질을 제거하며 살살 씻은 후 체에 밭쳐 물기를 뺍니다. **굴은 꼭 싱싱한 것을 사용해 주세요.**
3	냄비에 육수를 붓고 무를 넣어 강한 불에서 끓입니다.
4	육수가 끓어오르면 굴을 넣고 참치액 2큰술로 간합니다.
5	중간 불에서 다시 끓이면서 올라오는 거품을 제거합니다.
6	다시 끓어오르면 미나리와 콩나물을 넣고 중간 불에서 5분 더 끓이고, 모자란 간은 새우젓으로 맞춰주세요.

재료
· 육수 800㎖
· 무 ¼개
· 콩나물 ½봉
· 미나리 ½단
· 굴 1봉지
· 참치액 2큰술
· 새우젓 약간

소요 시간
· 전체 소요 시간 20분
(재료 10분 + 끓이는 시간 10분)

굴무나물솥밥과

성게미역국

바다의 우유, 바다의 소고기라고 불리는 '굴'은 겨울을 대표하는 제철 재료예요. 탱글탱글 신선한 굴과 달콤한 무로 건강한 솥밥을 만들어보세요. 달달하고 촉촉한 무나물은 무 본연의 맛을 느끼기에 제일 좋은 요리랍니다. 그대로 먹어도 맛있지만 영양부추를 넣어 매콤 알싸한 양념장과 함께 또 다른 매력을 느껴봐도 좋아요.

굴 맛이 풍부하게 차오르는 시기는 날이 추워지기 시작하는 11월 말부터 이듬해 2월 초까지예요. 식감은 촉촉하며 부드럽고 맛은 달고 고소한데, 굴밥, 굴국, 석화찜으로 익혀 먹으면 부드러운 맛이 훨씬 잘 살아난답니다. 저는 특히 달걀물을 묻혀 굴전으로 지글지글 부쳐 먹는 걸 좋아해요. 바다의 신선한 풍미와 담백한 맛을 모두 즐기고 싶다면 생으로 맛보고, 진하고 시원한 국물이 생각날 때는 따끈하게 굴국으로 즐겨보세요. 굴은 칼로리도 낮고 단백질 및 칼슘, 철분 등의 다양한 무기질과 비타민도 풍부해 피로 해소와 피부 미용에 효과가 있어요.

짭조름하면서 시원한 맛이 일품인 성게미역국은 바다의 귀한 보양식이에요. 탱글탱글한 성게알과 부드러운 미역의 궁합이 아주 훌륭합니다. 국물에서 바다 향이 진하게 느껴질 거예요.

따뜻한
굴무나물솥밥

재료

· 쌀 300㎖

· 육수 250㎖

· 무 ⅓개

· 굴 1봉지

· 영양부추 ½단

· 쯔유 1큰술

· 통깨 1큰술

· 다진 마늘 1큰술

· 식용유 2큰술

무나물 양념

· 국간장 2큰술

· 육수 100㎖

· 들기름 1큰술

· 들깨가루 1큰술

솥밥에 곁들일 양념장

· 얇게 썬 영양부추 3큰술

· 간장 4큰술

· 참치액 1큰술

· 고춧가루 ½큰술

· 들기름 1큰술

· 통깨 1큰술

소요 시간

· 전체 소요 시간 40분

(재료 10분 +밥 짓는 시간 30분)

1   쌀은 흐르는 물에 여러 번 씻은 후 체에 밭쳐 물기를 뺀 상태에서 20분간 불립니다.

2   굴은 소금물에 넣어 이물질을 제거하며 살살 씻은 후 체에 밭쳐 물기를 뺍니다.
     굴은 꼭 싱싱한 것을 사용하세요.

3   무는 채 썰고, 영양부추는 얇게 총총 썰어 준비합니다.

4   달군 팬에 식용유 2큰술, 다진 마늘 1큰술을 넣고 중간 불에서 마늘기름을 내다가, 향이 올
     라오면 무를 넣고 1분 정도 볶아주세요.

5   ④에 국간장 2큰술, 육수 100㎖, 들기름 1큰술로 간하고 중간 불에서 2분간 끓인 후 들깨
     가루 1큰술을 넣고 한번 더 볶습니다. 이때 수분은 거의 날려줍니다.

6   솥에 불린 쌀과 육수를 붓고 쯔유 1큰술로 간을 합니다.
     굴솥밥을 지을 때 가장 신경 써야 하는 부분은 바로 수분 양 조절입니다. 굴 자체에서 생각보다 많은 양의
     수분이 나오기 때문에 취향에 따라 밥이 질면 육수를 줄이고, 너무 고슬거리면 육수를 추가해주세요. 한번
     만들어보고 자신에게 맞는 육수 양을 확실히 정하면 다음부터는 쉬워집니다.

7   뚜껑을 연 상태에서 중강불로 5분간 끓여요. 이때 주걱으로 3~4번 살살 뒤적거리세요.

8   바글바글 끓어오르면 쌀 위에 무나물을 깔고 그 위에 굴을 올린 후 뚜껑을 닫아 제일 약한
     불에서 10분간 끓이세요.

9   불을 끄고 15분간 뜸 들인 후 뚜껑을 열어 썰어놓은 영양부추와 통깨 1큰술을 뿌려 냅니다.
     매콤한 양념장을 곁들여도 좋아요.

시원한
성게미역국

1 미역은 찬물에 불려 준비합니다.

2 성게알은 채반에 넣어 흐르는 물에 가볍게 헹군 후 물기를 빼세요.
꼭 싱싱한 성게알을 사용하세요. 성게알이 없을 땐 홍합살로 대체해도 괜찮아요.

3 냄비에 참기름 2큰술을 두르고 ①을 넣어 중간 불에서 5분간 볶습니다.

4 쯔유 1큰술을 넣고 중간 불에서 1분 더 볶다가 육수를 부어 강한 불에서 끓입니다.

5 보글보글 끓어오르면 참치액 1큰술을 넣고 중간 불에서 5분 더 끓입니다.

6 성게알을 넣은 후 국자로 살살 섞어 한소끔 끓이고 거품이 올라오면 걷어주세요.

7 모자란 간은 소금으로 맞춰 냅니다.

재료
·자른 건미역 1줌

·육수 600㎖

·성게알 4큰술

·쯔유 1큰술

·참기름 2큰술

·참치액 1큰술

·소금 약간

소요 시간
·전체 소요 시간 20분

(재료 5분 + 끓이는 시간 15분)

명란버섯솥밥과

애호박새우젓찌개

고소한 감칠맛이 입안에서 톡톡 터지는 명란솥밥이에요. 알만 발라낸 명란을 들기름에 무치면 맛이 배가되겠죠? 결대로 찢은 새송이버섯의 오독오독 씹히는 식감까지 일품이랍니다.

명란은 짭조롬한 맛이 매력인 밥도둑 중 하나죠. 명란은 명태의 알이고, 명란젓은 명란을 소금에 절여 만든 것이에요. 명란의 단백질과 비타민 B가 신진대사를 활발하게 해 체온을 올려주고 면역력 유지에 도움을 준다고 해요. 가장 기본적인 젓갈부터 덮밥, 찌개, 그리고 파스타까지 다양한 요리에 활용할 수 있어 쓰임새가 매우 많답니다. 은은한 붉은빛이 돌고 전체적으로 단단한 것을 골라야 해요. 알이 찢어지거나 질척거리는 것은 피하는 게 좋아요. 마땅한 반찬이 없는 날, 냉동실에 보관해놨던 명란젓을 하나 꺼내 솥밥을 지어 먹거나 애호박과 버섯을 넣어 찌개를 끓여보세요. 간단하지만 맛있는 한 그릇을 차릴 수 있을 거예요.

달짝지근한 맛이 나 전으로 부쳐 먹어도, 볶아 먹어도 맛있는 애호박은 특히 된장찌개나 칼국수처럼 진한 국물이 필요한 요리에서 풍미를 살려주는 역할을 톡톡히 합니다. 국물이 넘치도록 끓이기보다는 자작자작할 정도로만 끓이는 게 딱 좋답니다.

따뜻한
명란버섯솥밥

재료

· 쌀 300㎖
· 육수 280㎖
· 명란 2줄
· 대파 2대
· 새송이 버섯 2~3개
· 으깬 통깨 1큰술
· 달걀노른자 1개분
· 쯔유 2큰술
· 참치액 1큰술
· 들기름 2+½큰술

소요 시간

· 전체 소요 시간 40분

(재료 10분 + 밥 짓는 시간 30분)

1 쌀은 흐르는 물에 여러 번 씻은 후 체에 밭쳐 물기를 뺀 상태에서 20분간 불립니다.

2 도톰한 새송이버섯은 손으로 잘게 찢어놓습니다.

3 대파는 1대는 최대한 얇게 총총 썰고 나머지 1대는 곱게 다지세요.

4 명란은 반으로 갈라 껍질 안에 있는 알만 발라냅니다.

5 유리 볼에 명란, 으깬 통깨 1큰술, 들기름 2큰술, 그리고 썰어둔 파 중 다진 파만 넣어 섞어 주세요.

6 솥에 불린 쌀과 육수를 붓고 쯔유 1큰술, 참치액 ½큰술로 간합니다.

7 뚜껑을 연 상태에서 중강불로 5분간 끓입니다. 이때 주걱으로 3~4번 살살 뒤적거리세요.

8 바글바글 끓어오르면 쌀 위에 새송이버섯을 올리고 ⑤의 양념한 명란을 올립니다.
덜 익은 명란을 좋아한다면 뜸 들이기 전에 얇게 펴서 올리고 다시 뚜껑을 닫아 뜸을 들여주면 됩니다.

9 뚜껑을 닫고 제일 약한 불로 줄여 10분간 끓인 후 불을 끄고 15분간 뜸을 들입니다.

10 뚜껑을 열어 얇게 썬 대파와 달걀노른자를 올리고 들기름 ½큰술, 쯔유 1큰술로 간해 마무리합니다.

뜨거운 상태에서 모든 재료를 골고루 섞어야 맛이 좋아요.

시원한
애호박새우젓찌개

1 애호박은 길쭉하게 반으로 갈라서 한쪽만 준비해둡니다. 부추는 4㎝ 길이로 썰고, 청양고추와 홍고추는 어슷 썰어요.

2 팽이버섯은 밑동을 자르고 손으로 찢어놓습니다.

3 냄비에 애호박을 넣고 애호박이 잠길 정도로 육수를 붓습니다.

4 강한 불에서 한소끔 끓이고, 애호박이 완전히 익으면 팽이버섯, 홍고추, 청양고추를 넣고 다진 마늘 1큰술, 새우젓 1큰술, 참치액 1큰술로 간한 후 한소끔 끓입니다.
통애호박이 물렁해질 때까지 푹 끓이세요.

5 다시 끓으면 불을 끄고 부추를 넣고, 모자란 간은 새우젓으로 맞춰 냅니다.

재료
· 애호박 1개
· 육수 500㎖
· 팽이버섯 ½봉지
· 홍고추 1개
· 청양고추 1개
· 부추 ½줌
· 다진 마늘 1큰술
· 새우젓 1큰술
· 참치액 1큰술

소요 시간
· 전체 소요 시간 15분
(재료 5분 + 끓이는 시간 10분)

참나물바지락솥밥과
소고기머것국

국물이 뽀얀 칼국수와 노릇한 파전에도 잘 어울리고, 시원한 국물을 내기에도 제격인 오동통하고 싱싱한 활바지락살로 솥밥을 지어보세요. 쌀알 하나하나에 바지락 본연의 감칠맛이 고스란히 배어들어 해산물 특유의 고소함이 가득한 메뉴랍니다.

겨울이 가고 봄이 오면, 향긋한 봄 제철 음식에 관심이 가죠. 바다의 감칠맛을 오롯이 느낄 수 있는 바지락 또한 봄이 제철이에요. 국을 끓이거나 밥을 지을 때 또는 파스타를 만들 때 넣으면 심심한 요리에 포인트가 되더라고요. 손질이나 해감을 빼는 게 번거롭다면 손질된 바지락살을 간편하게 활용해도 괜찮아요.

맑은 소고기버섯국은 어떤 버섯으로 끓여도 괜찮아요. 표고버섯, 새송이버섯, 팽이버섯 등 대부분의 버섯이 소고기의 감칠맛과 어우러져 깊은 국물 요리를 완성해줄 거예요.

따뜻한
참나물바지락솥밥

재료

· 쌀 300㎖

· 육수 260㎖

· 손질 바지락살 2줌

※ 냉동 바지락살을 사용할 경우, 냉장실에 두어 서서히 해동하거나 자연 해동하세요. 정수를 넣고 끓인 물에 살짝 데치면 비린내가 제거됩니다.

· 날치알 3큰술

· 참나물 ½단

· 맛술 2큰술

· 쯔유 4큰술

· 들기름 2큰술

· 무염 버터 1큰술

· 통깨 1큰술

· 폰즈소스 1큰술

소요 시간

· 전체 소요 시간 40분

(재료 10분 + 밥 짓는 시간 30분)

1. 쌀은 흐르는 물에 여러 번 씻은 후 체에 밭쳐 물기를 뺀 상태에서 20분간 불립니다.

2. 참나물은 5㎝ 길이로 자르고, 바지락살은 흐르는 물에 2~3번 깨끗하게 씻어 체반에 올려 물기를 뺍니다.
   바지락솥밥을 지을 때는 껍질을 발라낸 손질 바지락살을 추천합니다.

3. 유리 볼에 바지락살을 담고 맛술 1큰술, 쯔유 1큰술, 들기름 1큰술로 밑간합니다.

4. 솥에 불린 쌀과 육수를 붓고 쯔유 2큰술, 맛술 1큰술, 무염 버터 1큰술을 넣습니다.

5. 뚜껑을 연 상태에서 중강불로 5분간 끓입니다. 이때 주걱으로 3~4번 살살 뒤적거리세요.

6. 바글바글 끓어오르면 양념한 바지락을 쌀 위에 올려 뚜껑을 닫고 제일 약한 불에서 10분 더 끓입니다.

7. 불을 끄고 15분 더 뜸을 들이고, 참나물에 쯔유 1큰술, 폰즈소스 1큰술, 들기름 1큰술, 통깨 1큰술로 간을 해요.

8. 뜸을 다 들였으면 뚜껑을 열고 바지락을 한쪽으로 몰고 반대편에 참나물무침을 듬뿍 올리세요.

9. 마지막으로 날치알을 예쁘게 듬성듬성 올려 냅니다.
   그릇에 덜어 날치알과 참나물무침을 취향껏 추가해 먹어도 맛있어요.

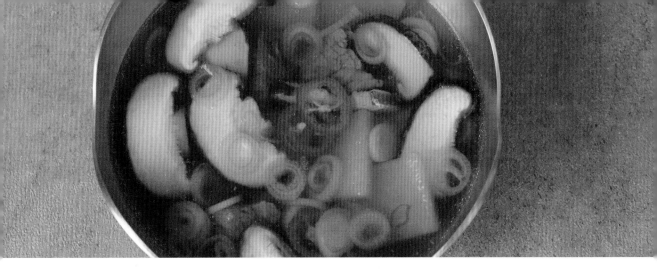

시원한
소고기버섯국

1   무는 나박 썰고 표고버섯은 밑동을 잘라 편 썰어 준비합니다.

2   대파와 홍고추는 어슷하게 썰어주세요.

3   소고기는 참치액 1큰술, 국간장 1큰술로 간해둡니다.

4   달군 냄비에 들기름 1큰술을 두르고 ③을 강한 불에서 볶습니다.

5   고기 겉면이 모두 익으면 육수를 붓고 무를 넣은 후 강한 불에서 끓입니다.

6   육수가 끓어오르면 떠오르는 거품을 걷어내세요.

7   표고버섯, 다진 마늘 1큰술, 국간장 1큰술을 넣고 중간 불에서 15분간 뭉근히 끓여요.

8   마지막에 대파, 홍고추를 넣고 모자란 간은 소금으로 맞춘 후 후춧가루를 뿌려 완성합니다.

재료

· 소고기(국거리) 200g

· 육수 800㎖

· 무 ¼개

· 표고버섯 4개

· 대파 ½대

· 홍고추 1개

· 참치액 1큰술

· 국간장 2큰술

· 다진 마늘 1큰술

· 들기름 1큰술

· 소금 약간

· 후춧가루 약간

소요 시간

· 전체 소요 시간 20분

(재료 5분 + 끓이는 시간 20분)

알배추불고기솥밥과
미역오이냉국

슴슴한 알배추와 불고기는 언제 먹어도 질리지 않는 조합이에요. 배추 본연의 감칠맛이 밥알 하나하나에 코팅되어 더 맛있게 느껴진답니다. 배추가 익어가면서 나오는 수분을 감안해서 밥물은 보통보다 적게 잡아야 해요.

아삭아삭 씹을수록 은은하게 퍼지는 달큰한 알배추는 겨울에 한창 맛있어요. 햇볕을 머금은 노란 잎으로 배춧국을 끓이고 겉절이를 무치면, 제철 알배추 하나만으로도 식탁이 풍성해죠. 비타민 C와 섬유질이 야무지게 꽉 차 있어 면역력 증진과 겨울철 감기 예방 효과가 있어요. 신문지로 여러 번 싸서 서늘한 곳에 보관하고, 밑동이 아래쪽으로 가도록 하는 게 좋답니다.

여름이면 일주일에 한 번꼴로 만들어 먹는 미역오이냉국의 새콤달콤한 맛은 생각만 해도 군침이 돌게 해요. 시판 냉면 육수를 활용하면 더 쉽게 만들 수 있답니다. 가시오이는 유난히 단단하고 아삭아삭해 냉국, 무침, 생채, 어디에나 잘 어울려요.

따뜻한
알배추불고기솥밥

재료

· 쌀 300㎖

· 육수 260㎖

· 알배추 ⅓통

· 당근 ⅓개

· 소고기(불고기용) 300g

· 쪽파 ⅓단

· 식용유 1큰술

· 참기름 1큰술

· 쯔유 1큰술

· 맛술 1큰술

불고기 양념

· 간장 2큰술

· 맛술 1큰술

· 설탕 1큰술

· 다진 마늘 1작은술

· 참기름 1작은술

· 통깨 ½작은술

· 후춧가루 약간

소요 시간

· 전체 소요 시간 40분

(재료 10분 + 밥 짓는 시간 30분)

1. 쌀은 흐르는 물에 여러 번 씻은 후 체에 밭쳐 물기를 뺀 상태에서 20분간 불립니다.

2. 알배추는 먹기 좋게 썰고, 당근은 채 썰어주세요. 쪽파는 얇게 총총 썰어줍니다.

3. 소고기는 키친타월로 핏기를 제거해 먹기 좋게 썰어 분량의 양념으로 버무려 20분간 재웁니다.

4. 달군 프라이팬에 식용유 1큰술을 두르고 ③을 올려 강한 불에서 달달 볶아놓습니다.

5. 솥에 참기름 1큰술을 두르고 알배추와 당근을 넣어 중간 불에서 볶습니다. 숨이 반쯤 죽으면 쯔유 1큰술, 맛술 1큰술로 간하고 중간 불에서 1분 더 볶습니다.

6. 솥에 불린 쌀을 붓고 채소와 잘 어우러지게 주걱으로 3~4번 저은 후 육수를 부으세요.
   알배추 자체에서 수분이 많이 나오므로 알배추 양에 따라 육수 양을 조절하는 것이 중요해요.

7. 뚜껑을 연 상태에서 중강불로 5분간 끓이고, 바글바글 끓어오르면 뚜껑을 닫은 후 제일 약한 불에서 10분 더 끓입니다.

8. 불을 끄고 15분간 뜸을 들인 후 뚜껑을 열어 볶은 ④를 밥 위에 올린 후 썰어둔 쪽파를 듬뿍 올려 냅니다.

시원한
미역오이냉국

1	미역은 찬물에 불려 준비합니다.
2	양파와 파프리카는 채 썰어둡니다. 양파는 5분 정도 찬물에 담가 매운맛을 제거해요.
3	오이는 굵은소금으로 씻어 돌기를 제거하고 얇게 채 썰어주세요.
4	유리 볼에 오이, 양파, 파프리카를 넣고 고춧가루 ½큰술, 매실청 1큰술, 식초 2큰술, 다진 마늘 ½큰술, 통깨 1큰술, 쯔유 1큰술로 밑간을 합니다. 이때 오이가 부스러지지 않게 살살 무쳐주세요.
5	④에 물기를 제거한 불린 미역과 냉면 육수, 얼음물을 붓고 잘 섞어 냅니다.

재료

· 가시오이 1개
· 자른 건미역 ½줌
· 시판 냉면 육수 300㎖
· 얼음물 100㎖
· 양파 ½개
· 파프리카 1개
· 고춧가루 ½큰술
· 매실청 1큰술
· 식초 2큰술
· 다진 마늘 ½큰술
· 통깨 1큰술
· 쯔유 1큰술

소요 시간

· 전체 소요 시간 20분
(재료 5분 + 만드는 시간 15분)

콩나물달래장솥밥과
맑은순두부찌개

윤기가 차르르 흐르는 아삭아삭한 콩나물솥밥은 콩나물과 다진 소고기만 있으면 아주 간단하게 만들 수 있어요. 향긋한 달래장까지 곁들이면 금상첨화겠죠?

봄나물은 뭐니 뭐니 해도 생으로 먹을 때가 가장 향긋해요. 톡 쏘는 매콤한 향과 쌉쌀함으로 입맛을 당기는 달래. 알뿌리를 살짝 찧어 풍미를 북돋고, 쫑쫑 썬 달래로 달래장을 만들어두면 당분간 반찬 걱정은 하지 않아도 된답니다. 된장찌개에 넣어 봄 향기를 더해보세요. 찌개가 보글보글 끓어오를 때 불을 끄고 달래를 넣어 살짝만 익혀야 향이 살아 있어요. 달래의 매운맛을 내는 '알리신'은 식욕부진이나 춘곤증 완화에 좋고, 신진대사를 촉진한다고 해요.

매콤한 빨간 순두부찌개도 좋지만 부담 없이 즐길 수 있는 맑은 순두부찌개는 어떤가요? 맑고 시원한 국물에 순두부가 가득 들어 있어 아침 메뉴로 추천해요. 신선한 바지락에서 단맛이 나와 감칠맛이 더 좋아진답니다.

따뜻한
콩나물달래장솥밥

재료

- 쌀 300㎖
- 육수 250㎖
- 콩나물 200g
- 다진 소고기 200g
- 쯔유 2큰술
- 맛술 2큰술
- 참치액 2큰술
- 매실청 1큰술
- 참기름 2큰술
- 소금 약간
- 후춧가루 약간
- 식용유 1큰술

솥밥에 곁들일 달래장

- 달래 1줌
- 고춧가루 2큰술
- 간장 8큰술
- 다진 마늘 1큰술
- 참기름 2큰술
- 매실청 2큰술
- 참치액 1큰술
- 맛술 1큰술
- 통깨 2큰술

소요 시간

- 전체 소요 시간 40분

(재료 10분 + 밥 짓는 시간 30분)

1. 쌀은 흐르는 물에 여러 번 씻은 후 체에 밭쳐 물기를 뺀 상태에서 20분간 불립니다.

2. 달래는 총총 썰고 분량의 양념을 섞어 달래장을 만들어요.

3. 다진 소고기는 쯔유 1큰술, 참치액 1큰술, 매실청 1큰술, 참기름 1큰술, 맛술 1큰술, 소금과 후춧가루 약간으로 간을 합니다.

4. 달군 팬에 식용유 1큰술을 두르고 ③을 올려 중간 불에서 볶습니다. 죽가죽가 타거나 뭉치지 않게 주걱을 세워 풀어주세요. 고기의 수분이 모두 날아가고 기름이 지글거리는 소리가 나면 키친타월에 옮겨 담습니다.

5. 솥에 불린 쌀과 육수를 붓고 쯔유 1큰술, 맛술 1큰술, 참치액 1큰술로 간합니다.

6. 뚜껑을 연 상태에서 중강불로 5분간 끓입니다.

7. 바글바글 끓어오르면 3~4번 살살 뒤적거린 후 윗면을 정리하고, 쌀 위에 볶아놓은 소고기를 평평하게 깔아요.

8. ⑦ 위에 콩나물을 올리고 뚜껑을 닫은 후 제일 약한 불로 줄여 10분 더 끓입니다.
콩나물을 넣고 중간에 뚜껑을 열면 비린 맛이 날 수도 있으니 조심하세요.

9. 불에서 내려 15분 뜸을 들인 후 참기름 1큰술을 둘러 냅니다. 모든 재료를 잘 섞어 그릇에 담은 후 취향껏 달래장을 추가해 먹어요.

시원한
맑은순두부찌개

1	바지락을 소금물에 담가 해감을 뺀 후 흐르는 물에 씻고 물기를 빼요.
2	순두부는 3등분하고, 대파는 총총 썰어 준비해요.
3	달군 냄비에 참기름 1큰술을 두르고 바지락을 중간 불에서 1분 볶아요. 이때 기름이 튈 수 있으니 조심하세요.
4	③에 맛술 1큰술, 참치액 1큰술을 넣고 중간 불에서 1분 더 볶고 나서 육수를 부어 강한 불에서 끓입니다.
5	육수가 끓어오르기 시작하면 거품을 걷어내고 순두부와 대파, 다진 마늘 ½큰술을 넣고 강한 불에서 한소끔 끓입니다.
	⑤에서 생기는 거품을 깨끗이 걷어내야 맑은 국물을 맛볼 수 있습니다.
6	모자란 간은 소금으로 맞추고 후춧가루를 톡톡 뿌려 냅니다.
	마지막에 모자란 간을 소금 대신 새우젓으로 맞추면 감칠맛이 더 살아납니다.

재료

· 순두부 ½봉지
· 바지락 1봉지
· 육수 400㎖
· 대파 ½대
· 참기름 1큰술
· 맛술 1큰술
· 참치액 1큰술
· 다진 마늘 ½큰술
· 소금 약간
· 후춧가루 약간

소요 시간

· 전체 소요 시간 20분
(재료 5분 + 끓이는 시간 15분)

날이 따뜻해지면 향이 좋은 미나리가 눈에 띌 때가 있어요. 향이 강하면서도 식감이 부드러워 다양한 요리로 즐길 수 있죠. 시원한 향과 아삭한 식감이 살아 있어 무침, 탕, 국거리로 즐겨 먹어요. 짓무르기 쉬워서 보관하기 까다로우니 싱싱한 것을 구입해 될 수 있으면 빨리 먹는 게 좋아요. 잎이 선명하고 녹색인 걸 구입하세요. 줄기가 굵으면 자칫 질기게 느껴질 수 있답니다.

미나리와 궁합이 가장 좋은 식품은 돼지고기예요. 특히 향이 강한 미나리가 잡내와 느끼함을 잡아줘 돼지고기를 더 고소하게 즐길 수 있어요. 미나리는 생선의 비린 맛도 눌러주기 때문에 매운탕, 복어탕, 도미찜 등 생선 요리와도 조화를 이뤄요. 혈액을 맑게 해주고 중금속 배출 효과가 뛰어나며 간 해독 및 숙취 해소에도 뛰어난 채소랍니다.

머리가 띵하게 시원한 냉국 한 그릇이면 온몸에 활기가 돌죠. 여기에 쫄깃한 한치를 더하면 까슬거렸던 입맛이 확 살아날 거예요. 싱싱한 한치는 데치지 않고 써도 좋아요. 오징어보다 살이 부드럽고 고소한 맛이 있어 더 고급스러운 식재료로 친답니다.

따뜻한
대패삼겹미나리솥밥

재료

· 쌀 300㎖
· 육수 300㎖
· 대패 삼겹살 300g
· 미나리 ¼단
· 마늘 6~7알
· 참기름 1큰술
· 후춧가루 약간
· 쯔유 1큰술

삼겹살 양념

· 간장 2큰술
· 설탕 2큰술

소요 시간

· 전체 소요 시간 40분
(재료 10분 + 밥 짓는 시간 30분)

1 쌀은 흐르는 물에 여러 번 씻은 후 체에 밭쳐 물기를 뺀 상태에서 20분간 불립니다.

2 미나리는 흐르는 물에 깨끗이 씻어 물기를 뺀 다음 4㎝ 길이로 잘라주세요.

3 마늘은 도톰하게 편 썰어 준비합니다.

4 달군 팬에 대패 삼겹살을 넣고 수분이 날아갈 때까지 강한 불에서 재빨리 볶습니다.

5 수분이 없어지고 고기가 익으면 썰어둔 마늘과 설탕 2큰술을 넣고 중간 불에서 볶습니다.

6 팬 가장자리에 간장 2큰술을 넣고 끓이다가 간장 향이 올라오면 간장을 고기와 섞어 중간 불에서 볶습니다.
고기가 타지 않게 유의하세요.

7 삼겹살이 갈색으로 변하면 키친타월에 옮겨 기름기를 빼 준비합니다.

8 솥에 불린 쌀과 육수를 붓고 쯔유 1큰술로 간합니다.

9 뚜껑을 연 상태에서 중강불로 5분간 끓입니다.

10 바글바글 끓어오르면 3~4번 살살 뒤적거린 후 뚜껑을 닫고 제일 약한 불로 줄여 10분 더 끓입니다.

11 불을 끄고 뚜껑을 열어 쌀 위에 구운 삼겹살을 올리고 미나리를 듬뿍 올린 다음 뚜껑을 닫고 15분 더 뜸을 들입니다.

12 참기름 1큰술과 후춧가루를 뿌려 냅니다.
기름진 맛을 좋아하면 대패 삼겹에서 나온 기름을 약간 남겨두었다가 마지막에 솥밥 위에 추가해주세요.
미나리 특유의 향에 거부감이 있는 분들은 쪽파로 대체해도 괜찮아요.

시원한
한치냉국

1   한치는 껍질을 벗기고 깨끗이 손질해 끓는 물에 30초 데친 후 채 썰어주세요.
    제철에 잡아 배에서 바로 급랭한 한치를 사용하면 좋습니다.

2   양파, 깻잎, 적양배추도 먹기 좋게 채 썰어주세요. 양파는 5분 정도 찬물에 담가 매운맛을
    제거해요.

3   유리 볼에 한치와 양파, 적양배추를 넣고 고춧가루 1큰술, 다진 마늘 1큰술, 매실청 1큰술,
    식초 2큰술, 통깨 1큰술, 쯔유 2큰술을 넣어 조물조물 무칩니다.

4   ③에 냉면 육수, 얼음물을 붓고 모자란 간은 소금으로 맞춥니다.

5   마지막에 냉국 위에 깻잎을 소복이 올려 냅니다.

재료
· 한치 2마리
· 시판 냉면 육수 400㎖
· 깻잎 6장
· 적양배추 ⅛개
· 양파 ½개
· 얼음물 200㎖
· 소금 약간

한치 양념
· 고춧가루 1큰술
· 다진 마늘 1큰술
· 매실청 1큰술
· 식초 2큰술
· 통깨 1큰술
· 쯔유 2큰술

소요 시간
· 전체 소요 시간 20분
(재료 10분 + 만드는 시간 10분)

고구마닭고기술밥과
유부냉국

고구마의 단맛과 닭고기의 씹는 맛이 좋아 아이들도 맛있게 먹을 수 있는 솥밥이에요. 잘게 썬 채소를 부담 없이 즐길 수 있고, 김치 하나만 얹어 먹어도 훌륭하답니다.

뜨끈하게 쪄내 호호 불며 먹는 달콤한 고구마는 아이들 간식으로 주거나 출출할 때 식사 대용으로 먹어도 맛있지만, 밥에 넣어 먹거나 수프로 만들어 먹으면 훨씬 더 다양하게 활용할 수 있어요. 껍질을 벗겨 물에 담가 놓으면 전분기가 제거돼 깔끔하게 요리할 수 있답니다. 생고구마는 냉장고에 넣는 대신 신문지에 싸서 어둡고 서늘한 곳에 보관하는 것이 바람직합니다. 크게 호박고구마와 밤고구마로 나누는데, 요리할 때는 단단한 밤고구마를 추천해요. 씹을수록 은은한 단맛이 정답고 모나지 않게 느껴져서 자꾸만 손이 가더라고요.

유부냉국은 보드라운 유부와 새콤달콤한 방울토마토의 조합이 상큼한 냉국이에요. 후루룩 떠먹기 좋아서 무더운 한여름에 만들어 먹는 별미로 제격이죠. 은은하고 고소한 감칠맛이 녹아난 국물을 시원하게 즐겨보세요.

따뜻한
고구마닭고기솥밥

재료

· 쌀 300㎖

· 육수 290㎖

· 닭 안심살 2쪽

· 고구마 1개

· 당근 ½개

· 브로콜리 ½송이

· 맛술 2큰술

· 쯔유 3큰술

· 통깨 1큰술

· 들기름 1큰술

· 소금 약간

· 우유 250㎖

· 식용유 1큰술

솥밥에 곁들일 양념장

· 총총 썬 쪽파 4큰술

· 간장 5큰술

· 설탕 1큰술

· 매실액 1큰술

· 들기름 1큰술

소요 시간

· 전체 소요 시간 40분

(재료 10분 + 밥 짓는 시간 30분)

1 쌀은 흐르는 물에 여러 번 씻은 후 체에 밭쳐 물기를 뺀 상태에서 20분간 불립니다.

2 닭 안심살은 잡내를 제거하고 육질을 부드럽게 하기 위해 우유 250㎖에 20분간 담가두었다가 흐르는 물에 깨끗이 헹군 후 물기를 제거합니다.

3 고구마, 당근, ②를 1㎝ 크기로 깍둑 썰어주세요. 고구마는 5분 정도 찬물에 담가 전분을 뺍니다.

4 브로콜리는 먹기 좋게 썰어 준비합니다.

5 닭고기에 맛술 2큰술, 쯔유 1큰술, 소금 약간으로 간해 30분간 놓아둔 후 식용유 1큰술을 두른 팬에 올려 중간 불로 노릇하게 볶아요.

6 솥에 불린 쌀과 육수를 붓고 썰어둔 고구마, 당근, 볶은 ⑤를 넣어 쯔유 2큰술, 소금 약간으로 간합니다.

7 뚜껑을 연 상태에서 중강불로 5분간 끓입니다.

8 바글바글 끓어오르면 3~4번 살살 뒤적거린 후 쌀 위에 브로콜리를 올리고 뚜껑을 닫아 제일 약한 불로 줄여 10분 더 끓입니다.

9 불을 끄고 15분간 뜸을 들인 후, 뚜껑을 열어 통깨 1큰술, 들기름 1큰술을 더해 냅니다. 취향에 따라 양념장을 추가해 드세요.

시원한
유부냉국

1 청양고추와 홍고추는 총총 썰어 씨를 제거합니다.

2 양파는 얇게 채 썰고 방울토마토는 3등분해 준비합니다. 양파는 5분 정도 찬물에 담가 매운맛을 제거해요.

3 유부에 뜨거운 물을 부어 기름기를 제거하고 키친타월로 물기를 닦은 후 채 썰어주세요.

4 유리 볼에 얼음물 500㎖을 붓고 사과식초 2큰술, 매실청 2큰술, 통깨 1큰술, 쯔유 2큰술로 간합니다.

5 ④에 유부, 방울토마토, 양파, 청양고추, 홍고추를 넣고 섞어주세요.

6 모자란 간은 소금으로 맞춰 냅니다.

재료
· 냉동 유부 5장
· 방울토마토 8개
· 청양고추 ½개
· 홍고추 ½개
· 양파 ½개
· 쯔유 2큰술
· 얼음물 500㎖
· 사과식초 2큰술
· 매실청 2큰술
· 통깨 1큰술
· 소금 약간

소요 시간
· 전체 소요 시간 15분
(재료 10분 + 만드는 시간 5분)

Part. 04

누룽지가 맛있는
솥밥 밥상

들깨현미술밥과

강된장찌개

현미는 표면의 얇은 막을 제거하지 않은 쌀을 말해요. 비타민과 식이 섬유가 풍부한 현미로 솥밥을 만들어보세요. 밥 짓기가 까다롭고 식감이 까슬거리지만 입안에서 톡톡 터지는 영양 가득한 대표 건강 곡식이랍니다. 기본적으로 6시간 이상 불려 사용합니다. 잘 불려 현미만의 구수한 맛과 꼬들꼬들한 식감을 즐겨보세요.

까슬한 현미밥이 부담스러울 땐 백미와 섞어 밥을 지으면 찰기가 적당히 생겨 먹기 훨씬 수월해요. 남은 현미밥으로 숭늉을 끓이거나 누룽지를 만들어 먹으면 구수함이 배가될 거예요.

밥 한 공기를 뚝딱 해치우게 하는 밥도둑, 강된장찌개! 구수한 현미밥 위에 올려 슥슥 비벼 먹으면 더 맛있겠죠? 자박하게 오래 끓일수록 더 진국이 된답니다.

따뜻한
들깨현미솥밥

재료

· 현미 300㎖
· 육수 300㎖
· 팽이버섯 ½봉
· 들깨가루 2큰술
· 소금 약간
· 다시마 1장
· 쯔유 1큰술
· 들기름 1큰술

소요 시간

· 전체 소요 시간 40분
(재료 10분 + 밥 짓는 시간 30분)

1. 현미는 흐르는 물에 여러 번 씻은 후 물을 부어 8시간 이상 불립니다.

2. 팽이버섯은 밑동을 자르고 2등분한 후 마른 팬에서 중강불로 구워요. 소금으로 간하고 수분이 거의 날아갈 때까지 구우세요. 이때 버섯 모양이 흐트러지지 않게 조심하세요.

3. 불린 현미를 채반에 밭쳐 물기를 제거해 솥에 넣고 육수를 부은 후 쯔유 1큰술, 소금 약간으로 간해요.

4. 뚜껑을 연 상태에서 중강불로 10분간 끓입니다. 이때 주걱으로 3~4번 살살 뒤적거리세요.

5. 바글바글 끓어오르면 구워놓은 팽이버섯을 올리고 들깨가루 2큰술을 골고루 뿌린 후 다시마 1장을 올린 다음 뚜껑을 닫습니다.

6. 제일 약한 불에서 15분 더 끓이고 불을 끈 후 15분간 뜸을 들입니다.

7. 밥이 다 되면 뚜껑을 열어 다시마를 제거하고, 들기름 1큰술을 둘러 냅니다.

취향에 따라 다시마를 얇게 채 썰어 솥밥 위에 얹어도 좋아요.

보글보글
강된장찌개

1. 양파, 표고버섯은 작게 깍둑 썰고, 대파는 총총 썰고, 청양고추, 홍고추는 어슷 썰어요.
2. 소고기는 참치액 1큰술, 맛술 1큰술로 밑간해둡니다.
3. 감자를 강판에 곱게 갈아주세요.
4. 유리 볼에 된장 2큰술, 쌈장 1큰술, 고춧가루 1큰술, 매실액 1큰술, 다진 마늘 1큰술, 육수 2큰술과 갈아둔 감자를 넣고 모두 섞습니다.
5. 달군 냄비에 들기름 1큰술을 두르고 대파를 넣어 중간 불에서 볶아요.
6. 대파가 흐물거리기 시작하면 ②를 넣고 중간 불에서 볶아요.
7. 소고기의 겉면이 익으면 ④를 넣고 중약불에서 볶다가 양념이 부드럽게 풀어지면 육수를 넣어주세요.
8. 썰어놓은 양파, 버섯을 넣고 강한 불에서 끓이다가 끓어오르기 시작하면 중약불에서 뭉근히 10분간 더 끓입니다.
9. 마지막에 청양고추와 홍고추를 올려 1분간 더 끓인 후 냅니다.

재료
· 소고기(국거리) 200g
· 육수 500㎖
· 표고버섯 2개
· 감자 1개
· 양파 ½개
· 대파 ½대
· 청양고추 1개
· 홍고추 1개
· 들기름 1큰술
· 참치액 1큰술
· 맛술 1큰술

강된장 양념
· 된장 2큰술
· 쌈장 1큰술
· 고춧가루 1큰술
· 매실액 1큰술
· 다진 마늘 1큰술
· 육수 2큰술

소요 시간
· 전체 소요 시간 25분
(재료 10분 + 끓이는 시간 15분)

된장연어조림솥밥과

매생이굴국

연어는 주로 회나 구이로 먹지만 솥밥으로 만들면 그 자체로 담백한 한 그릇을 즐길 수 있어요. 고소하고 부드러운 연어살을 노릇노릇 익혀 밥과 함께 섞어 먹으면 별다른 반찬 없이도 충분해요.

등 푸른 생선인 연어는 각종 비타민과 오메가 3가 풍부해 건강은 물론 다이어트에도 좋아요. 입안 가득 부드러운 풍미를 전하는 신선한 연어 뱃살회와 훈연 향이 묵직한 훈제 연어까지, 부드럽고 고소하게 맴도는 기름진 감칠맛이 어떤 요리에나 잘 어울려요. 연어를 구울 때는 된장을 살짝 곁들이면 좋다고 알려져 있어요. 맛도 맛이지만 영양적으로 도움이 된답니다.

겨울이 제철인 굴은 풍부한 영양과 함께 탱글탱글한 식감을 자랑해요. 바다 향 가득한 매생이와 함께 보글보글 굴국을 끓이는 걸 추천해요. 매생이의 나풀나풀한 부드러움과 은은한 풍미에 흠뻑 빠져보세요.

따뜻한
된장연어조림솥밥

재료

- 쌀 300㎖
- 스테이크용 연어(냉장) 300g
- 육수 300㎖
- 쪽파 ½단
- 양파 ½개
- 식용유 2큰술
- 쯔유 1큰술
- 참기름 2큰술
- 소금 ¼작은술
- 맛술 1큰술

연어 양념

- 쯔유 2큰술
- 육수 2큰술
- 미소된장 ½큰술
- 설탕 ½큰술
- 맛술 ½큰술
- 생강 1톨

소요 시간

- 전체 소요 시간 40분
(재료 10분 + 밥 짓는 시간 30분)

1 쌀은 흐르는 물에 여러 번 씻은 후 체에 밭쳐 물기를 뺀 상태에서 20분간 불립니다.

2 양파와 생강은 채 썰고, 쪽파는 얇게 총총 썰어요.

3 유리 볼에 쯔유 2큰술, 육수 2큰술, 미소된장 ½큰술, 설탕 ½큰술, 맛술 ½큰술, 채 썬 생강을 넣고 잘 섞어요. 생강 맛을 좋아한다면 더 넣어도 좋아요.

4 연어는 키친타월로 물기를 닦고 ③을 부어 냉장고에서 1시간 이상 재웁니다.
양념에 오래 재울수록 감칠맛이 좋아져요.

5 달군 팬에 식용유 2큰술을 두르고 중간 불에서 ④를 노릇하게 구워요. 겉면이 익었다 싶으면 연어와 함께 절인 양념을 끼얹고 국물이 자작해질 때까지 조려요.

6 솥에 불린 쌀과 육수를 붓고 쯔유 1큰술, 참기름 1큰술, 소금 ¼작은술, 맛술 1큰술로 간합니다.

7 뚜껑을 연 상태에서 중강불로 5분간 끓입니다. 이때 주걱으로 3~4번 살살 뒤적거리세요.

8 바글바글 끓어오르면 쌀 위에 채 썬 양파와 구운 연어, 남은 양념을 올리고 뚜껑을 닫습니다.

9 제일 약한 불에서 10분 더 끓이고, 불을 끄고 15분간 뜸을 들입니다.

10 밥이 다 되면 뚜껑을 열어 연어 주위에 쪽파를 가득 얹고 참기름 1큰술을 뿌려 냅니다.

보글보글
매생이굴국

1   매생이는 채반에 받쳐 흐르는 물에 뒤적여가며 깨끗이 씻고, 물기를 꽉 짠 후 가위로 4등분 합니다.
    동결 건조 매생이를 사용하면 간편하게 만들 수 있어요.

2   굴은 소금물에 넣고 이물질을 제거하며 살살 씻은 후 체에 받쳐 물기를 뺍니다.
    굴은 꼭 싱싱한 것으로 사용하세요.

3   무는 도톰하게 채 썰어 준비합니다.

4   달군 냄비에 들기름 1큰술을 두르고 ③을 넣어 중간 불에서 볶아요.

5   무가 반쯤 익었을 때 육수를 붓고 강한 불에서 끓여요.

6   육수가 보글보글 끓어오르면 굴을 넣고, 뽀얀 국물이 우러나오면 하얀 거품을 걷어주세요.

7   매생이를 넣고 참치액 1큰술, 국간장 2큰술, 맛술 1큰술, 다진 마늘 ½큰술로 간합니다.

8   중간 불에서 끓이다가 포르르 끓어오르면 불을 끄고 모자란 간을 소금으로 맞춰 냅니다.

재료
· 매생이 200g
· 굴 1봉지
· 육수 800㎖
· 무 ⅙개
· 들기름 1큰술
· 참치액 1큰술
· 국간장 2큰술
· 맛술 1큰술
· 다진 마늘 ½큰술
· 소금 약간

소요 시간
· 전체 소요 시간 15분
(재료 5분 + 끓이는 시간 10분)

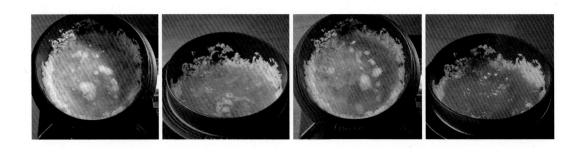

성게알채끌스테이크솥밥과
참나물버섯국

생일이나 집들이, 연말 홈파티 같은 특별한 행사에는 조금 더 근사한 솥밥을 만들어보세요. 싱싱한 성게알과 두툼하게 썬 채끝 스테이크의 조합이라면 누구라도 고개를 끄덕일 거예요.

밤송이를 연상시키는 삐쭉한 가시를 세우고 있는 성게알은 바다 향을 그대로 간직한 채 진득한 고소함을 자랑해 미식가들 사이에서 별미로 손꼽히는 식재료예요. 여름에는 옅은 노란색의 크기가 큰 보라성게알, 겨울에는 진한 주황색의 알이 작은 말똥성게알을 만날 수 있어요. 달고 부드러운 보라성게알에 비해 말똥성게알은 조금 더 쌉쌀한 감칠맛을 내요. 따끈한 밥 위에 싱싱한 성게알을 얹어 참기름 한 방울을 넣고 슥슥 비벼 먹거나 들기름에 달달 볶아 미역국에 넣어도 성게 본연의 풍미를 진하게 느낄 수 있어요.

겨울부터 봄까지 맛있는 참나물은 나물 중에서 맛과 향이 최고라고 합니다. 살짝 데쳐 무침이나 국을 끓이면 싱그럽고 개운한 향이 입안을 가득 채우고, 특유의 아삭함에 군침이 확 돌 거예요. 잎과 줄기가 억세지 않고 연해서 생으로 즐기기에도 참 좋은 나물이에요. 국에 넣을 때는 제일 마지막에 넣어 데치듯 살짝만 끓여야 참나물의 매력이 온전히 살아난답니다.

따뜻한
성게알채끝스테이크솥밥

재료

· 쌀 300㎖
· 육수 290㎖
· 채끝 스테이크 400g
· 성게알(냉장) 100g
· 표고버섯 3개
· 쪽파 ½단
· 쯔유 2큰술
· 참치액 1큰술
· 무염 버터 1큰술
· 소금 ¼작은술
· 후춧가루 약간
· 올리브유 2큰술
· 식용유 2큰술
· 로즈메리 2줄기

소요 시간

· 전체 소요 시간 40분
(재료 10분 + 밥 짓는 시간 30분)

1 쌀은 흐르는 물에 여러 번 씻은 후 체에 받쳐 물기를 뺀 상태에서 20분간 불립니다.

2 표고버섯은 밑동을 잘라 편 썰고, 쪽파는 얇게 총총 썰어요.

3 스테이크용 고기는 소금 ¼작은술과 후춧가루 약간으로 간하고 표면 전체에 올리브유 2큰술을 바른 후 로즈메리를 올려 실온에서 30분간 재웁니다.

4 솥에 불린 쌀과 육수를 붓고 쯔유 1큰술, 참치액 1큰술, 무염 버터 1큰술로 간합니다.

5 뚜껑을 연 상태에서 중강불로 5분간 끓입니다. 이때 주걱으로 3~4번 살살 뒤적거리세요.

6 바글바글 끓어오르면 쌀 위에 표고버섯을 올리고 뚜껑을 닫아요.

7 제일 약한 불에서 10분 더 끓이다 불을 끄고 15분간 뜸 들이세요.

8 그동안 스테이크를 굽습니다. 달군 프라이팬에 식용유 2큰술을 두르고 강한 불에서 구워주세요. 한쪽 면 2분, 다른 면 1분 30초, 옆면은 30초씩 굽습니다.

9 구운 스테이크를 종이 포일에 싸서 5분간 둔 후(레스팅), 먹기 좋게 썰어요.

10 밥이 다 되면 뚜껑을 열어 쪽파를 가득 올리고, 그 위에 스테이크와 성게알을 올립니다. 이때 스테이크에서 나온 육즙도 함께 넣으세요.

11 마지막으로 쯔유 1큰술을 골고루 뿌려 뚜껑을 닫고 1분 정도 뜸 들인 후 냅니다.

마지막 간을 맞출 때 쯔유 대신 오리엔탈 트러플 드레싱을 사용하면 맛이 훨씬 풍부해집니다.

보글보글
참나물버섯국

1. 참나물은 깨끗이 씻어 5㎝ 길이로 자르고, 황금송이버섯은 밑동을 잘라 먹기 좋게 뜯어놓고, 연두부는 숟가락으로 한 입 크기로 떠놔요.
2. 냄비에 육수를 붓고 강한 불에서 끓여요.
3. 육수가 끓어오르면 연두부와 버섯을 넣고 미소된장 1큰술, 쯔유 1큰술, 참치액 ½큰술로 간합니다.
4. 다시 한소끔 끓어오르면 참나물을 넣고 중간 불에서 1분 더 끓인 후 모자란 간은 소금으로 맞춰서 냅니다.

재료
· 육수 500㎖
· 참나물 ¼단
· 연두부 200g
· 미소된장 1큰술
· 황금송이버섯 50g
· 쯔유 1큰술
· 참치액 ½큰술
· 소금 약간

소요 시간
· 전체 소요 시간 15분
(재료 10분 + 끓이는 시간 5분)

냉이갈비솥밥과
시금치새우된장국

짭조름하고 달콤한 갈비 양념에 재운 고기를 쌀 위에 올려 밥을 지으세요. 그러면 갈비뼈와 고기의 감칠맛이 조화를 이루는 맛있는 솥밥이 완성될 거예요. 갈비는 밥을 다 지은 뒤 가위로 잘라주세요. 손질이나 양념하기 귀찮을 땐 시판 양념 갈비를 사용해도 괜찮아요. 그러면 요리하기가 훨씬 수월해진답니다.

향기로운 나물 중 특유의 향취와 식감으로 맛 또한 뛰어난 냉이. 예로부터 간을 튼튼하게 하고 눈 건강을 지켜주며 기운을 복돋아주는 효능이 있다고 알려져 있죠? 냉이는 늦겨울부터 먹기 시작하는데, 날씨가 추울수록 향이 더 강해진다고 해요. 이른 봄 야생 냉이의 향이 가장 좋답니다. 시든 잎은 떼어내고, 뿌리와 잎 사이 거뭇한 부분을 신경 써서 긁어내세요. 물에 30분 정도 담가 흙이 가라앉으면 흐르는 물에 헹궈 깨끗하게 손질합니다.

맵고, 짜고, 조미료 가득한 배달 음식에 지쳤을 때 조금은 싱거운 듯하며 구수한 된장국이 생각나요. 달큰한 시금치와 제철 새우로 끓인 구수한 된장국은 따뜻한 국물이 생각나는 계절에 잘 어울리는 한 그릇이에요.

따뜻한
냉이갈비솥밥

재료

· LA 갈비 500g

· 냉이 ½봉지

· 쌀 300㎖

· 육수 290㎖

· 쯔유 1큰술

· 통깨 1큰술

· 무염 버터 1큰술

· 맛술 1큰술

· 식용유 1큰술

갈비 양념

· 간장 8큰술

· 다진 대파 2큰술

· 참기름 1큰술

· 맛술 2큰술

· 다진 마늘 2큰술

· 설탕 3큰술

· 매실액 2큰술

· 후춧가루 약간

소요 시간

· 전체 소요 시간 40분

(재료 10분 + 밥 짓는 시간 30분)

1   갈비는 2시간 동안 물에 담가 핏기를 제거해요. 물에 설탕 1큰술을 추가하면 핏물이 빨리 빠져요.

2   핏기를 뺀 갈비는 준비한 갈비 양념으로 간을 한 후 1시간 이상 재워놓아요. 이때 갈비 양념은 1큰술 정도 남겨놓습니다.

3   냉이는 깨끗이 다듬고 한 입 크기로 썰어 준비합니다. 억센 부분은 반으로 가르고 한 뿌리는 토핑용으로 총총 썰어놔요.

4   쌀은 흐르는 물에 여러 번 씻은 후 체에 밭쳐 물기를 뺀 상태에서 20분간 불립니다.

5   솥에 불린 쌀과 육수를 붓고 쯔유 1큰술, 맛술 1큰술, 무염 버터 1큰술로 간을 합니다.
냉이 자체에서 나올 수분을 생각해서 육수를 살짝 덜 잡아주세요.

6   뚜껑을 연 상태에서 중강불로 5분간 끓입니다. 이때 주걱으로 3~4번 살살 뒤적거리세요.

7   바글바글 끓어오르면 쌀 위에 냉이를 올리고 뚜껑을 닫아 제일 약한 불에서 10분 더 끓이세요.

8   밥을 끓이는 동안 달군 팬에 식용유 1큰술을 두르고 양념해놓은 갈비 겉면을 중강불에서 노릇하게 구워요. 이때 양념이 타지 않도록 조심하고, 겉면만 노릇하게 익히면 됩니다.

9   ⑦의 과정이 끝나면 불을 끄고 뚜껑을 열어 밥 위에 갈비를 얹고 다시 뚜껑을 닫아 15분간 뜸을 들입니다.

10 밥이 다 되면 뚜껑을 열고 가위로 갈비를 먹기 좋게 자른 후 통깨 1큰술과 토핑용으로 총총 썰어놓은 냉이를 올려요.

11 남겨놓은 갈비 양념 1큰술을 둘러 냅니다.

보글보글
시금치새우된장국

1 손질한 새우는 흐르는 물에 씻어 물기를 제거해요.

2 시금치는 밑동을 자르고 대파는 어슷하게 썰어 준비해요.

3 냄비에 육수를 붓고 된장 2큰술을 풀어 강한 불에서 끓입니다.

4 육수가 끓어오르면 썰어둔 시금치와 대파, 참치액 1큰술, 다진 마늘 1큰술을 넣습니다.

5 다시 끓어오르면 새우를 넣고 한소끔 끓인 후, 지저분한 거품을 걷어내고 모자란 간은 소금으로 맞춰 냅니다.

재료

· 시금치 ½단

· 육수 800㎖

· 손질 새우(소) 20마리

※ 큰 새우를 사용할 경우 10마리 정도면 충분해요.

· 된장 2큰술

· 참치액 1큰술

· 다진 마늘 1큰술

· 대파 ½대

· 소금 약간

소요 시간

· 전체 소요 시간 20분

(재료 10분 + 끓이는 시간 10분)

유부닭고기솥밥과 대파고추장찌개

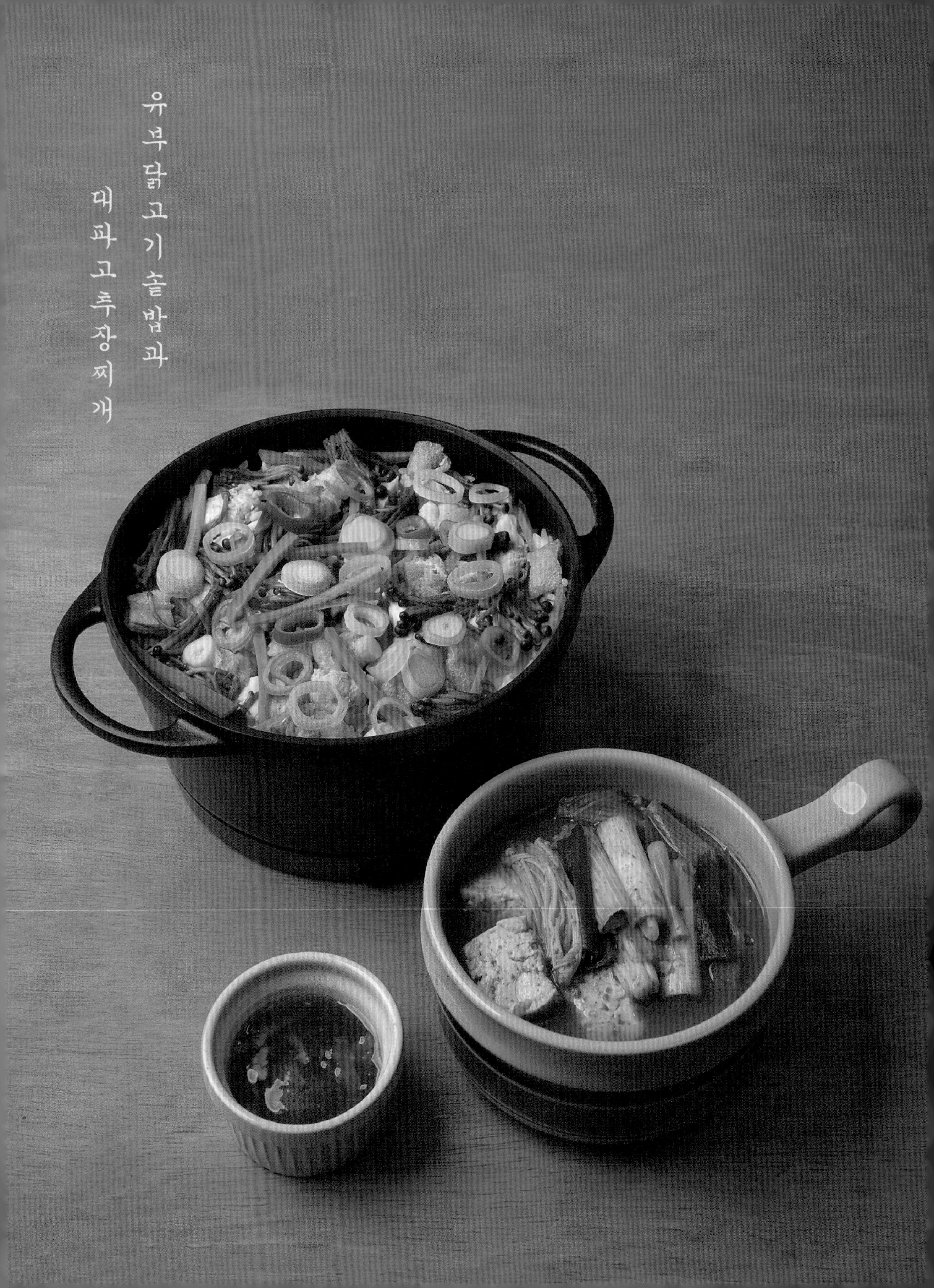

영양 만점 솥밥을 원한다면 버섯, 당근, 유부, 대파 등 갖은 재료를 골고루 넣어 만든 닭고기솥밥은 어떨까요? 갓 지은 따끈한 밥 위에 상큼한 유자청소스를 끼얹어 먹으면 색다른 맛을 느낄 수 있을 거예요. 채소 솥밥이나 흰 살 생선 솥밥 등에도 달콤 짭조름한 유자청소스를 활용해보세요.

유부는 쫄깃한 식감이 재밌고 감칠맛이 뛰어나기에 요리에 넣으면 은은한 고소함이 맛있더라고요. 달큰하게 조린 유부는 유부초밥으로, 속을 꽉 채운 유부 주머니는 전골에 넣어 먹는답니다. 냉동 유부를 얇게 채 썰어 솥밥을 지을 때나 우동을 끓일 때 곁들여보는 건 어때요? 조리 전에 뜨거운 물을 끼얹어 기름기를 빼면 칼로리를 조금 더 낮출 수 있답니다.

냉장고에 특별한 재료가 없는 날엔 대파와 두부만 꺼내 찌개를 끓여보세요. 고기를 넣지는 않았지만 입에 착 감기는 대파의 깊은 맛에 자꾸자꾸 손이 가요. 그러니 대파를 듬뿍 넣어 끓여보세요. 강된장처럼 자박하게 끓여 밥 위에 얹어 먹기에도 좋아요.

따뜻한
유부닭고기솥밥

재료

· 쌀 300㎖

· 육수 280㎖

· 닭 안심 250g

· 당근 ¼개

· 황금송이버섯 50g

· 냉동 유부 6장

· 대파 ½대

· 쯔유 2큰술

· 간장 2큰술

· 맛술 2큰술

· 설탕 ½큰술

· 참기름 1큰술

· 통깨 1큰술

· 후춧가루 약간

· 우유 250㎖

솥밥에 곁들일 유자청소스

· 유자청 2큰술

· 간장 1큰술

· 식초 1큰술

· 물 1큰술

소요 시간

· 전체 소요 시간 40분

(재료 10분 + 밥 짓는 시간 30분)

1 쌀은 흐르는 물에 여러 번 씻은 후 체에 밭쳐 물기를 뺀 상태에서 20분간 불립니다.

2 당근은 얇게 채 썰고, 황금송이버섯은 밑동을 잘라 먹기 좋게 찢어놓고, 대파는 총총 썰어요.

3 유부는 한 입 크기로 깍뚝 썰어 준비해요.

4 닭 안심은 껍질을 벗긴 후 잡내를 제거하고 육질을 부드럽게 하기 위해 우유 250㎖에 20분간 담가두었다가 흐르는 물에 깨끗이 헹군 후 물기를 닦습니다.

5 닭 안심을 한 입 크기로 썰고 간장 2큰술, 맛술 1큰술, 설탕 ½큰술, 후춧가루 약간으로 밑간을 해 10분 이상 둡니다.

6 솥에 불린 쌀과 육수를 붓고 쯔유 2큰술로 간하고, 쌀 위에 ⑤를 올린 후 그 위에 당근, 버섯, 유부를 올립니다.

7 ⑥에 맛술 1큰술을 골고루 뿌립니다.

8 뚜껑을 연 상태에서 중강불로 5분간 끓입니다. 바글바글 끓어오르면 뚜껑을 닫고 제일 약한 불에서 10분 더 끓입니다.

9 불을 끄고 15분간 뜸을 들인 후 뚜껑을 열어 썰어놓은 대파를 올리고 통깨 1큰술, 참기름 1큰술을 뿌려 마무리합니다.

상큼한 유자청소스를 곁들이면 평범한 솥밥도 훨씬 매력적으로 변합니다. 생선솥밥, 채소솥밥, 닭고기솥밥에 취향껏 유자청소스를 곁들이세요.

보글보글
대파고추장찌개

1. 두부는 두툼하게 한 입 크기로 썰고, 대파는 5㎝ 길이로 썰어 반을 갈라요. 청양고추는 총총 썰어 준비합니다.

2. 팽이버섯은 밑동을 자르고 먹기 좋게 찢어놓습니다.

3. 유리 볼에 고추장 1큰술, 고춧가루 2큰술, 참치액 1큰술, 국간장 2큰술, 다진 마늘 1큰술, 후춧가루 약간을 넣어 양념장을 만들어요.

4. 냄비에 두부와 대파를 넣고 그 위에 ③을 얹습니다.

5. 육수를 붓고 중강불에서 5분간 끓입니다.

6. 국물이 끓어오르면 청양고추와 팽이버섯을 넣고 중간 불에서 끓이며 졸이세요.

7. 전체적으로 자박한 느낌이 들면 불을 끄고 들기름 1큰술을 둘러 냅니다.

재료
· 두부 ½모
· 육수 500㎖
· 대파 2대
· 청양고추 1개
· 팽이버섯 ½봉
· 들기름 1큰술

양념장
· 고추장 1큰술
· 고춧가루 2큰술
· 참치액 1큰술
· 국간장 2큰술
· 다진 마늘 1큰술
· 후춧가루 약간

소요 시간
· 전체 소요 시간 15분
(재료 5분 + 끓이는 시간 10분)

우엉연어솔밥과

차돌박이된장찌개

부드러운 연어와 우엉의 오독오독한 식감이 재밌는 연어솥밥은 담백한 연어 맛을 즐기는 분들에게 추천합니다. 도톰하고 바삭한 곱창김을 곁들인다면 금상첨화겠죠?

솥밥을 끓이기 귀찮은 날에는 전기밥솥에 재료를 모두 넣고 취사 버튼을 누르세요. 쌀 위에 볶은 우엉과 다시마, 양념해놓은 연어를 올려서 말이에요. 다시마가 연어의 감칠맛을 한층 더 끌어올려준답니다. 우엉을 얇게 채 썰어 찬물이나 식초 1큰술을 탄 물에 10분 정도 담가두면 우엉의 갈변을 방지하고 아린 맛을 제거할 수 있어요.

차돌박이처럼 기름기 있는 고기를 된장찌개에 넣으면 국물이 한층 깊어지고 구수해져 더 맛있게 먹을 수 있어요. 갖은 채소, 버섯과 함께 끓여보세요. 고기의 고소함과 채소의 감칠맛이 합쳐져 완벽한 조화를 이룰 거예요.

따뜻한
우엉연어솥밥

재료

· 쌀 300㎖

· 육수 300㎖

· 스테이크용 생연어(냉장) 200g

· 우엉 2뿌리

· 미나리 ½단

· 육수용 다시마 1장

· 쯔유 1큰술

· 폰즈소스 1큰술

· 들기름 1큰술

· 통깨 1큰술

· 맛술 1큰술

연어 양념

· 참치액 1큰술

· 맛술 1큰술

· 굴소스 ½큰술

· 설탕 ½큰술

우엉 양념

· 참치액 1큰술

· 설탕 1작은술

· 들기름 1큰술

소요 시간

· 전체 소요 시간 40분

(재료 10분 + 밥 짓는 시간 30분)

1 연어의 물기를 키친타월로 닦은 후, 유리 볼에 참치액 1큰술, 맛술 1큰술, 굴소스 ½큰술, 설탕 ½큰술로 양념을 만들어 연어에 골고루 바른 다음 1시간 이상 재워둡니다.

연어의 비린 맛을 잡기 위해 맛술 대신 생강술을 사용해도 좋아요.

2 쌀은 흐르는 물에 여러 번 씻은 후 체에 받쳐 물기를 뺀 상태에서 20분간 불립니다.

3 우엉은 껍질을 벗겨 얇게 채 썰고 미나리는 5㎝ 길이로 썰어 준비합니다.

우엉을 좋아한다면 우엉의 양을 늘려 솥밥을 지으세요.

4 마른 팬에 우엉을 중강불에서 볶아요. 물기가 날아가게끔 한번 화르르 볶은 후 참치액 1큰술과 설탕 1작은술로 간합니다.

5 우엉에 양념이 잘 밸 때까지 중간 불에서 볶다가 들기름 1큰술을 추가해 한번 더 볶고 불을 끕니다.

6 솥에 불린 쌀과 육수를 붓고 쯔유 1큰술, 맛술 1큰술로 간을 해요.

7 뚜껑을 연 상태에서 중강불로 5분간 끓입니다. 이때 주걱으로 3~4번 살살 뒤적거리세요.

8 바글바글 끓어오르면 볶아둔 우엉과 양념한 연어를 쌀 위에 올리고 그 위에 다시마 1장을 덮은 후 뚜껑을 닫은 다음, 제일 약한 불에서 10분 더 끓여요.

9 불을 끄고 15분간 뜸을 들입니다.

10 뜸을 들이는 동안 토핑으로 올릴 미나리에 폰즈조스 1큰술, 통깨 1큰술로 간합니다.

11 밥이 다 되면 뚜껑을 열어 연어의 껍질과 가시, 다시마를 제거한 후 연어를 잘게 부숴 밥과 잘 섞고 윗면을 정리합니다.

12 솥밥 중앙에 양념해둔 미나리를 듬뿍 올리고 들기름 1큰술을 뿌려 냅니다.

보글보글
차돌박이된장찌개

1. 차돌박이는 2등분, 애호박은 도톰하게 썰어 4등분하고, 양파는 깍둑 썰어 준비합니다.
2. 표고버섯은 밑동을 잘라 편 썰고, 대파와 청양고추, 홍고추는 총총 썰어요.
3. 냄비에 육수를 부어 강한 불에서 끓입니다.
4. 보글보글 끓기 시작하면 된장 1큰술, 쌈장 1큰술을 곱게 풀고 양파와 애호박을 넣어 강한 불에서 끓입니다.
5. 다시 끓어오르면 고춧가루 1큰술, 다진 마늘 1큰술, 참치액 ½큰술로 간하고 표고버섯과 차돌박이를 넣습니다.
6. 차돌박이가 골고루 익도록 잘 풀어가면서 중강불에서 끓여요.
7. 대파와 고추를 넣고 한소끔 더 끓인 후 냅니다.

재료
- 차돌박이 200g
- 육수 600㎖
- 애호박 ½개
- 표고버섯 2개
- 양파 ½개
- 대파 ½대
- 청양고추 1개
- 홍고추 1개
- 된장 1큰술
- 쌈장 1큰술
- 고춧가루 1큰술
- 다진 마늘 1큰술
- 참치액 ½큰술

소요 시간
- 전체 소요 시간 20분
(재료 10분 + 끓이는 시간 10분)

소고기라구슬밥과 맑은홍합국

파스타나 리소토에 곁들이는 라구소스를 솥밥에 얹으면 어떨까요?

라구는 이탈리아 토마토 고기 소스입니다. 소고기 간 것과 갖은 채소를 잘게 다져 볶고, 약한 불에서 뭉근히 끓여야 감칠맛이 훨씬 깊어져요. 특히 셀러리는 라구소스의 고급스러움을 배가하기 때문에 꼭 빼놓지 말아야 할 재료랍니다. 한꺼번에 많은 양을 만들어 소분한 후 냉동실에 보관해두면 편합니다.

오동통 쫄깃한 살이 맛있는 홍합. 대충 넣고 끓여도 언제나 시원한 국물을 내주니 너무도 고마운 식재료가 아닐 수 없어요. 간단하게 살만 분리되어 있는 냉동 자숙 홍합살로 진한 바다의 향기가 듬뿍 담긴 찌개를 끓여보세요.

따뜻한
소고기라구솥밥

재료

· 쌀 300㎖

· 육수 280㎖

· 다진 소고기 200g

· 셀러리 2대

· 토마토소스 400㎖

· 무염 버터 1큰술

· 양파 ½개

· 양송이버섯 5개

· 다진 마늘 1큰술

· 쯔유 2큰술

· 맛술 3큰술

· 올리브유 2큰술

· 소금 약간

· 후춧가루 약간

소요 시간

· 전체 소요 시간 1시간

(재료 30분 + 밥 짓는 시간 30분)

1   쌀은 흐르는 물에 여러 번 씻은 후 체에 밭쳐 물기를 뺀 상태에서 20분간 불립니다.

2   다진 소고기에 쯔유 1큰술, 맛술 2큰술, 소금과 후춧가루 약간으로 간해 조물조물 무칩니다.

3   셀러리와 양파는 다지고, 양송이버섯은 밑동을 잘라 편 썰어 준비합니다.

4   달군 프라이팬에 올리브유 2큰술을 두르고 다진 마늘 1큰술을 중간 불에서 볶아 마늘기름을 내세요. 마늘 향이 올라오기 시작하면 다진 소고기를 중강불에서 볶습니다. 이때 고기가 뭉치지 않게 잘 풀면서 볶아주세요.

5   고기가 반쯤 익은 듯싶으면 셀러리와 양파를 넣고 볶다가 맛술 1큰술, 소금과 후춧가루 약간으로 간하고 물기가 없어질 때까지 중강불에서 바삭하게 볶습니다.

6   ⑤에 토마토소스와 무염 버터 1큰술을 넣고 강한 불에서 끓이다가, 소스가 끓어오르면 중약불에서 30분간 뭉근히 끓여요. 물기가 거의 없어 진득해질 때까지 끓이면 됩니다.

소스는 물기가 거의 없어 진득해질 때까지 끓여야 합니다. 냄비가 탈 수 있으니 주걱으로 자주 저어주세요.

7   솥에 불린 쌀과 육수를 붓고 쯔유 1큰술로 간합니다.

8   뚜껑을 열고 중강불에서 5분간 끓이다가 바글바글 끓어오르면 만들어놓은 라구소스를 쌀 위에 올리고, 그 위에 양송이버섯을 펼쳐서 올린 후 뚜껑을 닫아 제일 약한 불에서 10분 더 끓입니다.

라구소스의 양은 취향에 따라 가감하세요.

9   불을 끄고 15분간 뜸을 들인 후 올리브유 1큰술을 두르고 토핑용으로 준비해둔 셀러리 잎을 군데군데 올려 냅니다.

보글보글
맑은홍합국

1	냉동 자숙 홍합살은 봉지째 흐르는 물에 담가 해동해요. 껍질을 제거하지 않은 싱싱한 홍합을 사용해도 좋아요. 홍합의 지저분한 수염은 꼭 깨끗이 제거한 후 사용하세요.
2	두부는 깍둑 썰고 청양고추와 홍고추, 셀러리는 총총 썰어요. 셀러리는 잎과 줄기를 모두 사용합니다.
3	냄비에 육수를 넣고 강한 불에서 끓이다가, 끓어오르면 해동된 홍합살을 넣어요.
4	뽀얗게 국물이 우러나기 시작하면 하얀 거품을 걷고, 두부, 다진 마늘 ½작은술을 넣고, 참치액 ½큰술로 간을 해요.
5	다시 끓어오르면 셀러리와 고추를 넣고 강한 불에서 한소끔 끓인 후, 모자란 간은 소금으로 맞추어 냅니다. 마지막에 후춧가루를 톡톡 뿌려주세요.

재료
· 냉동 자숙 홍합살 2줌
· 육수 600㎖
· 두부 ¼모
· 청양고추 1개
· 홍고추 1개
· 셀러리 1대
· 참치액 ½큰술
· 다진 마늘 ½작은술
· 소금 약간
· 후춧가루 약간

소요 시간
· 전체 소요 시간 15분
(재료 10분 + 끓이는 시간 5분)

베이컨토마토솥밥과

버섯카레

비주얼도 맛도 최고인 토마토 요리 중 하나인 베이컨토마토솥밥. 먹기 전에 밥 가운데 올린 토마토를 터뜨려 골고루 섞어보세요. 쪽파 대신 바질을 올리면 더 이국적으로 즐길 수 있답니다.

매일 아침 케일과 함께 주스로 갈아 마시는 토마토는 저희 집 필수 식재료예요. 요즘은 딱히 제철이 없을 만큼 사계절 내내 맛볼 수 있는 채소 중 하나죠. 잘 익은 토마토는 그대로 썰어서 먹기만 해도 맛있답니다. 모차렐라 치즈를 곁들이면 근사한 브런치가 되고, 달걀과 함께 달달 볶으면 간편하게 챙겨 먹을 수 있는 한 끼가 돼요.

양파와 파프리카를 부드럽게 볶아 카레를 만든 후 버섯을 종류별로 골고루 고소하게 구워 올리면 누구나 좋아할 수밖에 없어요. 매콤한 맛을 더하고 싶을 땐 불에서 내리기 전에 파프리카 가루를 살짝 뿌려보세요.

따뜻한
베이컨토마토솥밥

재료

· 쌀 300㎖
· 육수 290㎖
· 베이컨 200g
· 토마토 1개
· 캔 옥수수 200g
· 쯔유 1큰술
· 참치액 1큰술
· 쪽파 ⅓단
· 다진 마늘 1큰술
· 올리브유 1큰술
· 무염 버터 ½큰술

소요 시간

· 전체 소요 시간 40분
(재료 10분 + 밥 짓는 시간 30분)

1. 쌀은 흐르는 물에 여러 번 씻은 후 체에 밭쳐 물기를 뺀 상태에서 20분간 불립니다.

2. 베이컨은 한 입 크기로 썰고, 토마토는 꼭지의 반대 부분인 뾰족한 부분에 열십자를 살짝 내요.

3. 쪽파는 얇게 총총 썰고, 캔 옥수수는 채반에 밭쳐 흐르는 물에 씻은 후 물기를 뺍니다.
   여름에는 캔 옥수수 대신 제철 초당옥수수를 활용해도 좋은데, 그럴 경우 밥을 지을 때 쌀 위에 옥수숫대를 같이 올려야 옥수숫대의 단맛이 쌀알에 스며들어 감칠맛이 배가됩니다.

4. 달군 솥에 올리브유 1큰술을 두르고 다진 마늘 1큰술을 중간 불에서 볶아 마늘기름을 냅니다.

5. 마늘 향이 올라오기 시작하면 베이컨을 넣어 중간 불에서 함께 볶다가, 베이컨이 노릇해지면 불린 쌀을 넣어 1분 더 볶아요.

6. ⑤에 육수를 붓고 쯔유 1큰술, 참치액 1큰술, 버터 ½큰술로 간을 하고 중강불에서 끓입니다.

7. 육수가 바글바글 끓기 시작하면 2~3번 저은 후 쌀 위에 옥수수를 올리고, 가운데에 토마토를 올린 후 뚜껑을 닫아 제일 약한 불에서 10분 더 끓입니다.
   옥수수 알은 토치로 노릇하게 그슬리면 더 먹음직스러워요.

8. 불을 끄고 15분간 뜸을 들입니다.

9. 뜸이 다 들면 뚜껑을 열고 쪽파를 올려 냅니다. 먹기 전에 토마토를 으깨 다른 재료들과 잘 섞으세요. 이때 토마토 껍질은 제거하는 게 좋아요.

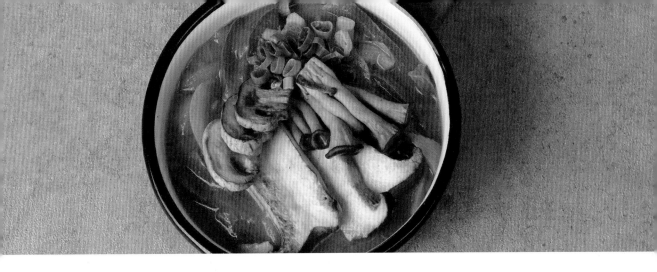

보글보글
버섯카레

1 새송이버섯과 양송이버섯은 두툼하게 편 썰고, 느타리버섯은 하나하나 뜯어놓아요.

2 양파와 파프리카는 너무 얇지 않게 채 썰고, 대파는 총총 썰어 준비합니다.

3 달군 냄비에 무염 버터 2큰술을 넣고 양파를 중간 불에서 볶아요. 양파가 투명하고 노릇해질 때까지 볶다가 파프리카를 넣고 함께 볶아주세요.

4 파프리카의 숨이 죽으면 쯔유 1큰술로 간한 다음, 육수를 넣고 중강불에서 끓이다가 보글보글 끓어오르면 고형 카레를 넣고 잘 풀어주며 중간 불에서 10분 더 끓여요.

5 달군 팬에 썰어놓은 버섯을 올려 중간 불에서 노릇하게 굽고, 소금과 후춧가루로 간을 해요.

6 감자 전분 1큰술과 물을 섞어 전분물을 만들어 ④에 넣은 후 되직해지도록 끓이고 그릇에 담아 구운 버섯과 대파를 올려냅니다.

재료

· 새송이버섯 1개
· 양송이버섯 3개
· 느타리버섯 ½팩
· 육수 800㎖
· 양파 1개
· 빨강·노랑 파프리카 ½개씩
· 대파 1대
· 고형 카레 4조각
· 무염 버터 2큰술
· 쯔유 1큰술
· 감자 전분 1큰술
· 물 100㎖
· 소금 약간
· 후춧가루 약간

소요 시간

· 전체 소요 시간 30분
(재료 10분 + 끓이는 시간 20분)

아보카도명란솥밥과
무들깻국

아보카도와 명란은 서로 너무나 잘 어울리는 식재료로 유명하답니다. 비빔밥 재료로도 많이 사용하지만, 솥밥으로도 한번 지어보세요. 담백한 아보카도의 맛을 명란의 짭짤한 감칠맛으로 감싸주어 훌륭한 한 끼 식사가 돼요.

아보카도는 꼭 후숙이 잘된 것으로 골라야 해요. 신선하고 촉촉하면서 살짝 느끼한 맛의 아보카도는 익을수록 점점 껍질 색이 진해지니, 취향에 맞게 상온에 두고 후숙을 합니다. 껍질이 검은색으로 변하면 다 익었다고 생각하면 돼요. 빵이나 밥과도 잘 어울리는데, 특히 샐러드에 곁들이면 싱그러운 버터를 먹었나 착각이 들 정도예요. 애호박과 버터의 중간쯤? 아보카도 속 불포화지방산이 좋은 콜레스테롤을 증가시켜 혈액을 건강하게 만들어준다고 해요.

여름 무가 싱겁고 매운맛이 강하다면, 겨울 무는 단단하고 아삭하며 단맛이 좋은 게 특징이에요. 날이 추워질수록 달큼한 풍미가 깊어지는 겨울 무로 구수한 들깻국을 끓여보세요. 무 대신 시래기를 넣어도 구수한 맛이 살아날 거예요.

따뜻한
아보카도명란솥밥

재료

· 쌀 300㎖
· 육수 300㎖
· 명란젓 2줄
· 아보카도 1개
· 쪽파 ½단
· 달걀노른자 1개분
· 쯔유 1큰술
· 무염 버터 1큰술
· 폰즈소스 1큰술
· 참기름 1큰술

소요 시간

· 전체 소요 시간 40분
(재료 10분 + 밥 짓는 시간 30분)

1 쌀은 흐르는 물에 여러 번 씻은 후 체에 밭쳐 물기를 뺀 상태에서 20분간 불립니다.

2 아보카도는 한 입 크기로 깍둑 썰고, 쪽파는 총총 썰어 준비하세요.
아보카도는 적당히 익은 것을 사용하세요. 설익은 아보카도는 솥밥을 지어도 딱딱하고, 너무 익은 아보카도는 뭉그러질 수 있어요.

3 명란을 반으로 갈라 알만 긁어낸 후 참기름 1큰술로 조물조물 무쳐요.

4 솥에 불린 쌀과 육수를 붓고 쯔유 1큰술, 무염 버터 1큰술로 간합니다.

5 뚜껑을 연 상태에서 중강불로 5분간 끓입니다. 이때 주걱으로 3~4번 살살 뒤적거리세요.

6 바글바글 끓어오르면 쌀 위에 아보카도를 올리고 뚜껑을 닫은 다음, 제일 약한 불에서 10분 더 끓입니다.

7 불을 끄고 15분간 뜸을 들입니다.

8 밥이 다 되면 뚜껑을 열고 아보카도 주위에 ③을 듬성듬성 올린 후 쪽파를 뿌리고 가운데에 달걀노른자를 얹습니다.

9 마지막으로 폰즈소스 1큰술로 간해 마무리합니다.

보글보글
무들깻국

1	소고기에 참치액 1큰술, 맛술 1큰술, 후춧가루 약간으로 밑간을 해요.
2	무는 도톰하게 채 썰고, 대파는 총총 썰어요.
3	달군 냄비에 들기름 1큰술을 둘러 중간 불에서 ①을 볶다가 반쯤 익으면 무를 넣고 2분 더 볶습니다.
4	③에 육수를 붓고 강한 불에서 끓입니다.
5	보글보글 끓으면 참치액 1큰술, 다진 마늘 ½큰술, 들깨가루 4큰술을 넣고 중간 불로 한소끔 끓입니다.
6	다시 끓기 시작하면 대파를 넣고 소금으로 간을 맞춰 냅니다.

재료

· 무 ¼토막
· 육수 800㎖
· 대파 ½대
· 소고기(국거리) 200g
· 들기름 1큰술
· 참치액 2큰술
· 맛술 1큰술
· 다진 마늘 ½큰술
· 들깨가루 4큰술
· 소금 약간
· 후춧가루 약간

소요 시간

· 전체 소요 시간 20분
(재료 10분 + 끓이는 시간 10분)

완두콩홍합술밥과

오징어콩나물찌개

겨울로 접어드는 11월부터 2월까지는 통통하게 살이 오른 홍합이 제철이에요. 속을 뜨끈하게 데워줄 탕이나 국물이 필요할 때 홍합 한 줌만 넣어도 시원한 바다 감칠맛이 살아나죠. 시원하고 담백한 홍합 국물 맛도 일품이지만, 쫀득한 홍합살을 쌀 위에 올려 감칠맛을 고스란히 느껴보는 건 어떤가요? 저는 솥밥을 지을 때 살만 발라 삶은 후 진공포장한 냉동 자숙 홍합살을 활용해요. 해동하기만 하면 금세 요리할 수 있으니 한결 간편하답니다.

감칠맛 나는 육수에 콩나물과 오징어를 잔뜩 넣어 칼칼하게 끓이면 비싼 해물탕 부럽지 않아요. 매콤한 맛을 원한다면 청양고추를 추가해도 좋아요. 콩나물 요리를 할 때는 처음부터 뚜껑을 열고 끓여야 특유의 비린 맛이 사라집니다.

따뜻한
완두콩홍합솥밥

재료
· 쌀 300㎖
· 육수 290㎖
· 냉동 완두콩 2줌
· 냉동 자숙 홍합살 2줌
· 맛술 1큰술
· 쯔유 1큰술
· 소금 약간
· 참기름 1큰술
· 뿌리 다시마 1조각

청양고추 양념장
· 다진 청양고추 1큰술
· 간장 2큰술
· 설탕 1작은술
· 통깨 ½큰술

소요 시간
· 전체 소요 시간 40분
(재료 10분 + 밥 짓는 시간 30분)

1 쌀은 흐르는 물에 여러 번 씻고, 체에 밭쳐 물기를 뺀 상태에서 20분간 불립니다.

2 끓는 물에 소금 ½작은술을 넣고 완두콩을 1분간 데친 후 찬물로 씻어 식힙니다.
   완두콩을 너무 오래 데치면 색이 변하고 뭉그러지니 주의하세요.

3 냉동 자숙 홍합살은 봉지째 흐르는 물에 담가 해동하고 물기를 빼서 준비해요.

4 솥에 불린 쌀과 육수를 붓고 쯔유 1큰술, 맛술 1큰술, 소금 약간으로 간하고, 뚜껑을 연 상태에서 중강불로 5분 끓입니다. 이때 주걱으로 3~4번 살살 뒤적거리세요.

5 바글바글 끓어오르면 쌀 위에 다시마와 홍합살을 올리고 뚜껑을 닫은 다음, 제일 약한 불에서 10분 더 끓여요.

6 불을 끄고 15분간 뜸을 들입니다.

7 밥이 다 되면 뚜껑을 열어 다시마를 제거하고 ②를 보기 좋게 올린 후 참기름 1큰술을 둘러냅니다. 취향에 따라 다시마를 채 썰어 솥밥에 함께 내도 좋아요.

8 청양고추 양념장을 곁들여 얼큰한 맛으로도 즐겨보세요.

<h1 style="text-align:center">보글보글
오징어콩나물찌개</h1>

1 콩나물은 흐르는 물에 2~3번 정도 씻어 물기를 뺍니다.

2 대파는 어슷 썰고, 무는 나박 썰고, 양배추는 먹기 좋은 크기로 썰어 준비합니다.

3 유리 볼에 국간장 1큰술, 참치액 1큰술, 고춧가루 2큰술, 다진 마늘 1큰술, 맛술 2큰술을 넣어 양념장을 만들어요.

4 손질한 오징어는 흐르는 물에 한번 헹군 다음, 몸통을 길게 반으로 자른 후 1㎝ 두께로 채 썰어주세요. 다리는 몸통과 비슷한 길이로 잘라놔요.

5 달군 냄비에 참기름 1큰술을 두르고 무와 양배추를 넣어 중강불에서 볶아요.

6 채소가 반쯤 익으면 오징어를 넣어 중강불에서 함께 볶습니다.

7 오징어가 하얗게 익으면 ③의 양념장을 붓고, 잘 섞으며 1분 더 볶은 후 육수를 부어 강한 불에서 끓입니다.

8 국물이 팔팔 끓어오르면 콩나물을 넣고 한소끔 끓인 후, 다시 끓기 시작하면 대파를 넣고 1분 더 끓이세요.

9 모자란 간은 소금으로 맞춘 후 후춧가루를 톡톡 뿌려 냅니다.

재료
· 손질 오징어 1마리
· 콩나물 ½봉지
· 육수 600㎖
· 무 ¼개
· 양배추 ⅛통
· 대파 ½대
· 소금 약간
· 후춧가루 약간
· 참기름 1큰술

양념장
· 국간장 1큰술
· 참치액 1큰술
· 고춧가루 2큰술
· 다진 마늘 1큰술
· 맛술 2큰술

소요 시간
· 전체 소요 시간 15분
(재료 10분 + 끓이는 시간 5분)

관자아스파라거스솥밥과

단호박대하찌개

신선한 가리비의 관자에 버터를 더해 지은 솥밥은 뚜껑을 열자마자 근사한 요리 같은 느낌을 줘요. 샬롯을 얇게 슬라이스해 올려 솥밥에 고급스러운 향긋함을 더해보세요. 시원한 화이트 와인과도 참 잘 어울릴 거예요.

탱글한 식감에 달큰한 감칠맛이 느껴지는 관자, 그중에서도 오동통한 키조개 관자의 제철은 5월이죠. 샤부샤부부터 조개구이, 회 등 다양하게 요리할 수 있지만 특히 버터의 고소한 향을 입혀 굽는 것만으로 군침이 돌아요. 조개류라 오래 익히면 고무처럼 질겨지니 살짝만 부드럽게 익혀 먹는 걸 추천해요. 해산물이지만 비린 맛이 거의 없어 해산물을 잘 못 드시는 분도 좋아하더라고요.

달큰한 찌개가 생각날 때는 애호박 대신 단호박을 넣어보세요. 단맛이 나면서도 얼큰한 찌개에 싱싱한 대하를 넣으면 국물 맛이 더 시원해진답니다. 대하를 구할 수 없다면 흰다리새우를 활용해도 괜찮아요. 대신 큼지막한 걸로 준비해주세요.

따뜻한
관자아스파라거스솥밥

재료

· 쌀 300㎖

· 육수 290㎖

· 아스파라거스 8개

· 가리비 통관자 8개

· 샬롯 2~3개

· 쯔유 1큰술

· 맛술 4큰술

· 폰즈소스 1큰술

· 무염 버터 3큰술

· 소금 약간

· 후춧가루 약간

소요 시간

· 전체 소요 시간 40분

(재료 10분 + 밥 짓는 시간 30분)

1 쌀은 흐르는 물에 여러 번 씻은 후 체에 밭쳐 물기를 뺀 상태에서 20분간 불립니다.

2 통관자는 벌집 모양으로 칼집을 내고 소금 ¼작은술, 맛술 3큰술, 후춧가루 약간으로 간을 해 10분간 재웁니다.

3 샬롯은 얇게 채 썰고, 아스파라거스는 채칼로 억센 껍질을 벗겨 5㎝ 길이로 썰어 준비해요.

4 솥에 불린 쌀과 육수를 붓고 쯔유 1큰술, 맛술 1큰술, 무염 버터 1큰술로 간합니다.

5 ④를 뚜껑을 연 상태로 중강불에서 5분간 끓입니다. 이때 주걱으로 3~4번 살살 뒤적거리세요.

6 바글바글 끓어오르면 뚜껑을 닫은 다음, 제일 약한 불에서 10분 더 끓입니다.

7 밥을 끓이는 동안 달군 팬에 버터 2큰술을 녹이고 관자의 겉면만 중간 불에서 노릇노릇 익혀주세요. 버터를 관자에 2~3번 끼얹고 따로 접시에 담아주세요.

8 관자를 구운 프라이팬에 그대로 아스파라거스를 넣어 중간 불에서 볶아요. 소금 약간으로 간하고, 노릇하게 익혀주세요.

9 ⑥의 불을 끄고 뚜껑을 열어 볶은 아스파라거스와 구운 관자를 쌀 위에 올린 후, 다시 뚜껑을 닫고 15분간 뜸을 들입니다.

10 뚜껑을 열고 관자 주변에 샬롯을 듬성듬성 올리고, 폰즈소스 1큰술을 뿌려 냅니다. 먹기 전에 관자를 한 입 크기로 잘라 밥과 그릇에 담습니다.

보글보글
단호박대하찌개

1 단호박은 감자칼로 껍질을 듬성듬성 깎은 후 깨끗이 씻어 물기가 있는 상태로 전자레인지
에 1분간 돌립니다.

2 살짝 익은 단호박과 무, 표고버섯은 모두 한 입 크기로 깍둑 썰어 준비합니다.

3 대파는 어슷 썰어요.

4 냄비에 단호박과 무를 깔고 육수를 부은 후 강한 불에서 끓입니다.

5 육수가 끓어오르면 고춧가루 ½큰술, 된장 ½큰술, 고추장 1큰술, 다진 마늘 ½큰술, 참치액
1큰술, 국간장 1큰술로 간하고 새우를 넣어 뚜껑을 덮은 후 중강불에서 10분간 끓입니다.
새우는 금방 익으니 단호박과 무만 부드럽게 익히면 됩니다. 제철 대하를 구하지 못할 경우, 큼직한 흰다리
새우로 대체해도 괜찮아요.

6 마지막에 대파를 올려 한소끔 끓인 후, 모자란 간은 새우젓으로 맞춰 냅니다.

재료
· 미니 단호박 ½개
· 육수 700㎖
· 대하 6~7마리
· 무 ¼개
· 표고버섯 3개
· 대파 ½대
· 새우젓 약간

찌개 양념
· 고춧가루 1큰술
· 된장 ½큰술
· 고추장 1큰술
· 다진 마늘 ½큰술
· 참치액 1큰술
· 국간장 1큰술

소요 시간
· 전체 소요 시간 15분
(재료 10분 + 끓이는 시간 5분)